高职高专规划教材

龙黎黎 张峰 主编

刘娟 施颖钰 副主编

建筑装饰设计

U0392016

化学工业出版社

·北京·

本书内容共分 8 章，主要包括建筑装饰设计绪论、室内设计的发展与风格流派、建筑装饰设计要素、建筑装饰设计与人体工程学、室内空间设计、建筑装饰界面设计、建筑装饰家具设计、建筑装饰陈设设计。此外，便于学生扩展知识面，在章节内容中穿插了一些知识链接。

本书反映国内外建筑装饰工程市场的最新动态，结合大量真实案例图片，借助具体工程设计案例的全过程，系统阐述了建筑装饰的主要原理与方法。

本书为高职高专环境艺术专业、室内设计专业、建筑装饰工程技术专业、装饰艺术专业以及其他相关专业的教材，也可作为本科院校、成人高校建筑装饰设计专业及相关专业的教材和参考书。

图书在版编目（CIP）数据

建筑装饰设计/龙黎黎，张峰主编. —北京：化学工业出版社，2014.1（2021.9重印）
高职高专规划教材
ISBN 978-7-122-19452-7

Ⅰ.①建… Ⅱ.①龙…②张… Ⅲ.①建筑装饰-建筑设计-高等职业教育-教材 Ⅳ.①TU238

中国版本图书馆 CIP 数据核字（2014）第 003839 号

责任编辑：王文峡　　　　　　　　　　　　文字编辑：谢蓉蓉
责任校对：顾淑云　李　爽　　　　　　　　装帧设计：尹琳琳

出版发行：化学工业出版社（北京市东城区青年湖南街 13 号　邮政编码 100011）
印　　　装：北京虎彩文化传播有限公司
787mm×1092mm　1/16　印张 14¾　彩插 8　字数 342 千字　2021 年 9 月北京第 1 版第 4 次印刷

购书咨询：010-64518888　　　　　　　　售后服务：010-64518899
网　　址：http://www.cip.com.cn
凡购买本书，如有缺损质量问题，本社销售中心负责调换。

定　　价：42.00 元

前　言

　　随着国民经济的飞速发展和人民生活水平的不断提高，现代高质量生存的新观念已深入人心，人们逐渐开始重视生活和生存的环境。现代建筑和现代装饰对人们的生活、学习、工作环境的改善起着极其重要的作用。

　　"建筑装饰设计"是高职高专建筑装饰工程技术专业的一门主要专业课程，主要研究建筑装饰设计的一般规律，是一门综合性技术应用课程。

　　本书根据部颁高等职业技术教育人才培养目标、"建筑装饰设计"课程的教学大纲以及建筑装饰行业的最新发展编写的，书中综合了目前建筑装饰设计的基本原理、方法、步骤、技术以及现代化科技成果。

　　本书内容共分8章，主要包括建筑装饰设计绪论、室内设计的发展与风格流派、建筑装饰设计要素、建筑装饰设计与人体工程学、室内空间设计、建筑装饰界面设计、建筑装饰家具设计、建筑装饰陈设设计。此外，为便于学生扩展知识面，在章节内容中穿插了一些知识链接。

　　本书反映国内外建筑装饰工程市场的最新动态，结合大量真实案例图片，借助具体工程设计案例的全过程，系统阐述了建筑装饰的主要原理与方法。

　　本书采用全新体例编写。不仅有大量工程案例，还增加了知识链接模块。既强调对学生理论知识的培养，又注重实践能力的培养。通过对本书的学习，学生可以掌握室内设计的基本原理和方法，具备建筑装饰设计的创意思维与实践能力。

　　本书由湖北城市建设职业技术学院龙黎黎、张峰任主编，湖北城市职业技术学院刘娟和施颖钰任副主编，参与本书相关工作的还有：湖北城市建设职业技术学院刘卓珺、董倩、胡军芳，湖北羿天建筑装饰设计有限公司高级室内设计师刘哲，华中科技大学环境艺术系危莹。

　　由于水平有限，本书难免有不足之处，恳请有关专家和广大读者提出宝贵的意见和建议。

编　者

2014 年 3 月

目 录

第4章　建筑装饰设计与人体工程学　　/111

第5章　室内空间设计　　/135

第6章　建筑装饰界面设计　　/173

 参考文献

第**1**章

绪论

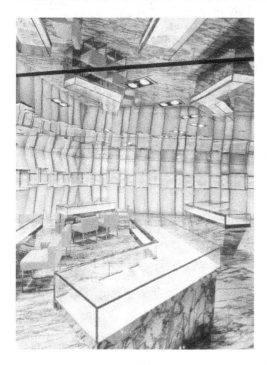

图 1-1　引例图片 1

图 1-2　引例图片 2

1.1　建筑装饰设计的概念

　　建筑装饰设计是一门综合学科，涉及建筑、心理、人体工程、结构（图 1-3）、社会民俗、材料结构等多种学科。人们设计创造的室内环境关系到室内生活，生产活动的质量，人们的安全、健康、效率、舒适等。

　　设计最终成果的质量有赖于设计-施工-用材（包括设施）-与业主关系的整体协调。

建筑装饰设计

建筑装饰设计中，从整体上把握设计对象的依据因素是：

使用性质——根据不同功能建筑物设计室内空间；

所在场所——这一建筑物和室内空间的周围环境状况；

经济投入——相应工程项目的总投资和单方造价标准的控制。

图 1-3 大跨度空间结构是国家建筑科学技术发展水平的重要标志之一

知识链接

大跨度结构

（1）网架结构（图 1-4） 由多根杆件按照某种规律的几何图形通过节点连接起来的空间结构称之为网格结构，其中双层或多层平板形网格结构称为网架结构或网架。它通常是采用钢管或型钢材料制作而成。

（2）网壳结构（图 1-5） 曲面形网格结构称为网壳结构，有单层网壳和双层网壳之分。网壳的用材主要有钢网壳、木网壳、钢筋混凝土网壳等。

（3）膜结构（图 1-6） 薄膜结构也称为织物结构，是 20 世纪中叶发展起来的一种新型大跨度空间结构形式。它以性能优良的柔软织物为材料，由膜内空气压力支撑膜面，或利用柔性钢索或刚性支撑结构使膜产生一定的预张力，从而形成具有一定刚度、能够覆盖大空间的结构体系。

（4）悬索结构（图 1-7） 悬索结构是以能受拉的索作为基本承重构件，并将索按照一定规律布置所构成的一类结构体系。悬索屋盖结构通常由悬索系统、屋面系统和支撑系统三部分构成。用于悬索结构的钢索大多采用由高强钢丝组成的平行钢丝束、钢绞线或钢缆绳等，也可采用圆钢、型钢、带钢或钢板等材料。

（5）薄壳结构（图1-8）　建筑工程中的壳体结构多属薄壳结构（学术上把满足 $t/R \leqslant$ 1/20 的壳体定义为薄壳）。

图1-4　网架结构

图1-5　网壳结构（国家大剧院）

图 1-6　膜结构

图 1-7　耶鲁大学冰球馆——悬索结构

1.1.1　建筑装饰设计的内容和分类

1.1.1.1　建筑装饰环境的内容

室内环境的内容涉及由界面围成的空间内部声、光、热、空气环境（空气质量、有害气体和粉尘含量、负离子含量、放射剂量等）等室内客观环境因素。人们对环境的生理和

图 1-8 薄壳结构（亚洲最大的污泥处理工程——白龙港"巨蛋"）

心理的主观感受，主要有室内视觉、听觉、触觉、嗅觉环境等，其中又以视觉感受最为直接和强烈。客观环境因素和人们对环境的主观感受，是现代室内环境设计需要探讨和研究的主要问题。

 知识链接

2003 年初，广东省佛山市谭某夫妇委托当地某装修公司对其住房进行包工包料装修，后搬进新装修的新房居住，3 个多月后妻子苏某突然流产。经室内检测机构测定，新房客厅、卧室空气中的甲醛浓度均超标，其中主卧室甲醛浓度超过国家标准 4 倍多。双方经多次协商，谭某夫妇认为胎儿流产是装修污染造成的，2003 年 6 月将佛山市某装修公司告上法庭，要求赔偿已付的装修费、拆除施工费、医疗费、误工费、检测费、租房费、精神损害抚慰金等共 86000 多元。佛山市禅城区法院经过两次开庭调查，最后于 2003 年 12 月 3 日作出一审判决：被告装修商对原告室内装修材料予以拆除，一次性返回原告装修费用 1.9 万元，

图 1-9 电影院放映厅

支付原告医疗费、误工费、检测费、租房费 8791 元，并支付原告 2 万元精神损害赔偿金。

现代影视厅（图 1-9，图 1-10），从室内声环境的质量考虑，对声音清晰度的要求极高。室内声音的清晰与否，主要决定于混响时间的长短，而混响时间与室内空间的大小、界面的表面处理和用材关系最为密切。室内的混响时间越短，声音的清晰度越高，这就要求在建筑装饰设计时合理地设计吊顶，包去平面中的隙角，墙面、地面以及座椅面料均选用高吸声的纺织面料，采用穿孔的吸声材料等措施，以增大界面的吸声效果。

图 1-11 所示的卫浴空间装饰设计体现了较好的室内光环境。

图 1-10　歌剧院室内对声音要求较高（参见彩图）

图 1-11　卫浴空间的自然光线　　　　图 1-12　光线的面积对比产生的特殊效果

知识链接

光之教堂

光之教堂是日本最著名的建筑之一。它是日本建筑大师安藤忠雄的成名代表作，因其在教堂一面墙上开了一个十字形的洞而营造了特殊的光影效果（图 1-12），使信徒们产生接近上帝的错觉而名垂青史。它获得了由罗马教皇颁发的 20 世纪最佳教堂奖。

从美观和易于清洁的角度考虑而选用陶瓷类地砖，但从室内热环境来看，由于这类铺地材料的热导率过大，给较长时间停留于居室中的人体带来不适。这种情况需要采用暖气设备的补充或者局部铺设活动地毯弥补不足。

1.1.1.2 建筑装饰设计的分类

建筑装饰设计和建筑设计类同，从大的类别来分可分为（表 1-1）：

① 居住建筑建筑装饰设计；

② 公共建筑建筑装饰设计；

③ 工业建筑建筑装饰设计；

④ 农业建筑建筑装饰设计。

图 1-13　美发空间

表 1-1　建筑装饰设计的分类

建筑分类		表现形式	具 体 空 间
建筑装饰设计分类	居住建筑	单体庭院别墅	门厅、客厅、餐厅、厨房、卫浴、卧室等
		联排别墅	
		单元式住宅	
	公共建筑	文教	门厅、过厅、中庭、休息厅、活动室、教室、阅览室等
		医疗	病房、手术室、诊室
		商业	美发厅(图 1-13)、营业厅、餐厅(图 1-14)、酒吧、茶室等
		旅游	客房、游艺厅、舞厅、室内游泳池(图 1-15)等
		观演	观众厅、排演厅、化妆室等
		办公	办公室(图 1-16，图 1-17)、会议室
		体育	竞技厅(图 1-18)、训练厅等
		展览	展厅、展廊等
		交通	候车厅、候机厅(图 1-19，图 1-20)、候船厅等
		科研	实验室、机房等
		宗教	教堂(图 1-21)、寺庙
	工业建筑	各类厂房	车间、生活间、更衣室等
	农业建筑	各类农业用房	种植暖房、饲养房等

图 1-14 宴会厅兼舞池（参见彩图）

图 1-15 室内游泳池

图 1-16 办公室空间

(a)   (b)

图 1-17　荷兰鹿特丹市政厅室内与外观

(a)

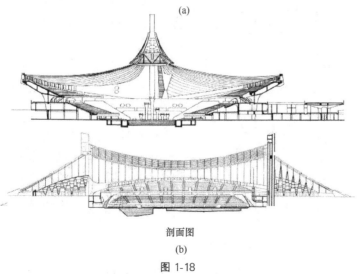

剖面图

(b)

图 1-18

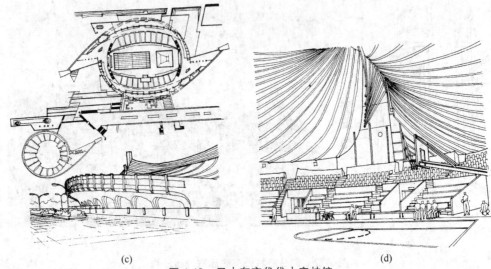

(c)   (d)

图 1-18　日本东京代代木竞技馆

(a)   (b)

图 1-19　具有伊斯兰建筑特征的现代沙加国际机场

图 1-20　杭州萧山国际机场

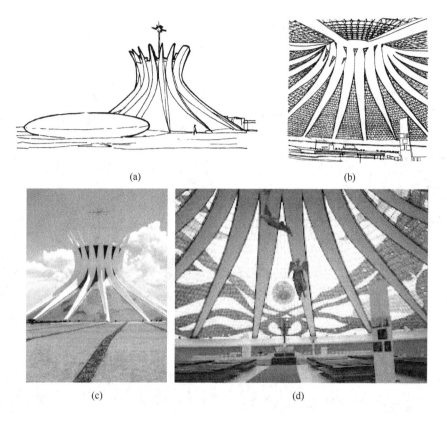

(a)　　　　　　　　　　(b)

(c)　　　　　　　　　　(d)

图 1-21　巴西利亚菲特拉教堂

　　各类建筑中不同类型的建筑之间，还有一些使用功能相同的室内空间，例如大堂（图1-22）、过厅、电梯厅、中庭、浴厕，以及一般功能的门卫室、办公室、会议室、接待室等。

图 1-22　大堂

(a)

(c)

(b)

(d)

图 1-23　苏州博物馆内外高度统一的设计

1.1.2 建筑装饰设计的方法和程序步骤

1.1.2.1 建筑装饰设计的方法

（1）大处着眼、细处着手，总体与细部深入推敲　大处着眼是指在设计时思考问题和着手设计的起点就高，有一个设计的全局观念。细处着手是指具体进行设计时，必须根据室内的使用性质，深入调查、收集信息，掌握必要的资料和数据，从最基本的人体尺度、人流动线、活动范围和特点、家具与设备等的尺寸和使用它们必需的空间等着手。

（2）从里到外、从外到里，局部与整体协调统一（图 1-23）　建筑师 A. 依可尼可夫曾说："任何建筑创作，应是内部构成因素和外部联系之间相互作用的结果，也就是'从里到外'、'从外到里'。"

（3）意在笔先或笔、意同步，立意与表达并重　意在笔先原指创作绘画时必须先有立意，即深思熟虑，有了"想法"后再动笔，也就是说设计的构思、立意至关重要。可以说，一项设计，没有立意就等于没有"灵魂"，设计的难度也往往在于要有一个好的构思。具体设计时意在笔先固然好。但是一个较为成熟的构思，往往需要有足够的信息量，有商讨和思考的时间。因此也可以边动笔边构思，即所谓笔、意同步，在设计前期和出方案过程中使立意、构思逐步明确。

对于建筑装饰设计来说，正确、完整又有表现力地表达出室内环境设计的构思和意图，使建设者和评审人员能够通过图纸、模型、说明等全面地了解设计意图。在设计投标竞争中，图纸质量的完整、精确、优美是第一关，因为在设计中，形象毕竟是很重要的一

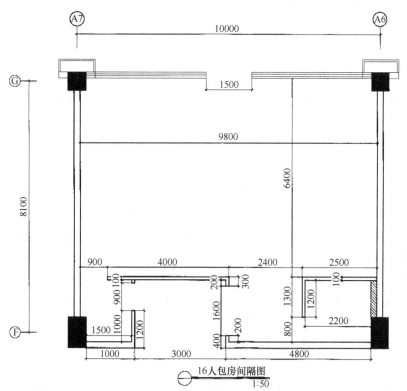

图 1-24　原始测量平面图

个方面，而图纸表达则是设计者的语言，一个优秀建筑装饰设计的内涵和表达也应该是统一的。

1.1.2.2 建筑装饰设计的程序步骤

建筑装饰设计根据设计的进程，通常可以分为以下四个阶段。

（1）设计准备阶段　明确设计任务和要求，如建筑装饰设计任务的使用性质、功能特点、设计规模、等级标准、总造价，根据任务的使用性质明确所需创造的室内环境氛围、文化内涵或艺术风格等。

熟悉设计有关的规范和定额标准，收集分析相关资料和信息，包括对现场的调查、踏勘以及对同类型实例的参观等。图1-24、图1-25为原始测量平面图和平面布置方案图。

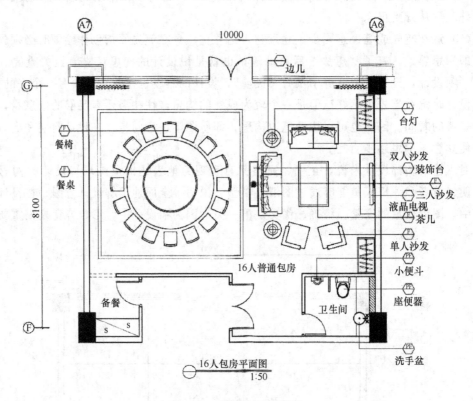

图1-25　平面布置方案图

（2）方案设计阶段　前期有设计意向阶段，用意向图表达和业主沟通确立风格，以免走弯路。之后进入概念设计阶段，根据头脑中模糊、不确定的设计意向，通过概念草图表达出来（图1-26）。

确定初步设计方案，提供设计文件。室内初步方案的文件通常包括：

① 平面图（包括家具布置，图1-27），常用比例1：50，1：100；

② 室内立面展开图（图1-28），常用比例1：20，1：50；

③ 平顶图或顶棚平面图（包括灯具、风口等布置），常用比例1：50，1：100；

④ 室内彩色效果透视图（主要空间）；

⑤ FF&E（软装）概念设计，室内装饰材料实样版面（墙纸、地毯、窗帘、室内纺织面料、墙地面砖及石材、木材等均用实样，家具、灯具、设备等用实物照片）；

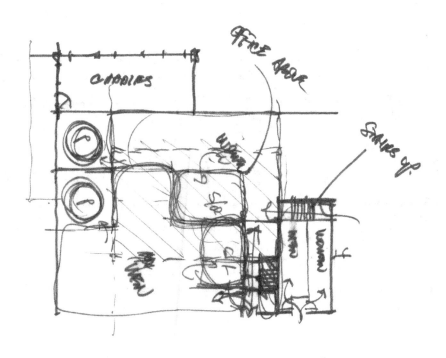

图 1-26　方案草图（高尔夫球车的电瓶车落客区，包含洗手间、
售卖、出发、回来及等候区等。）

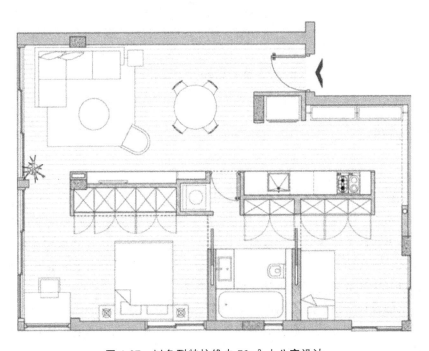

图 1-27　以色列特拉维夫 59m² 小公寓设计

⑥ 设计意图说明和造价概算。

初步设计方案需经审定后，方可进行施工图设计。

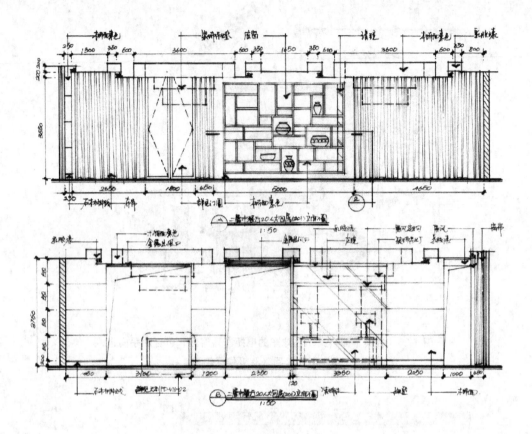

图 1-28　餐厅包房各个界面设计图

 知识链接

FF&E（软装）是 Furniture，Fixtures&Equipment（或 Furniture，Furnishings and Equipment），家具、装置和设备。FF&E 是从国外高级酒店建筑装饰设计中引入国内的一种专门针对酒店建筑装饰设计和装配的一种设计系统。它是设计师如何选配和设计适合于室内的家具、饰面和配件的依据，并且它已经成为当今酒店建筑装饰设计中越来越重要的环节，直接影响到酒店建筑装饰设计的最终效果。

（3）施工图设计阶段　施工图设计阶段需要补充施工所必要的有关平面布置、室内立面和平顶等图纸，还需包括构造节点详细图、细部大样图以及设备管线图，编制施工说明和造价预算。

（4）设计实施阶段　设计实施阶段也就是工程的施工阶段。

1.1.2.3　建筑装饰设计符号与读图

建筑装饰设计符号与读图见表 1-2～表 1-6。

表 1-2　常用建筑图例

顺序	序号	图例	名称	说明	顺序	序号	图例	名称	说明
一	1		墙		一	6		单层中悬窗	
	2		承重墙			7		单层外开平开窗	
	3		柱			8		高窗	
	4		单层固定窗		二	9		淋浴间	
	5		单层外开上悬窗			10		厕所间	

表 1-3　常用建筑楼梯图例

顺序	序号	图例	名称
三	1		底层楼梯
	2		中间层楼梯
	3		顶层楼梯

表 1-4　常用家具与陈设图例

顺序	序号	图例	名称	可加以装饰如下
四	1	 1800×2000	双人床	 1800×2000
	2	 1200×2000	单人床	 1200×2000

顺序	序号	图例	名称	可加以装饰如下
四	3		床头柜	
	4		三人沙发	
	5		单人沙发	
	6		茶几	
五	7		餐桌椅	
	8		书桌椅	
	9		高柜	
	10		矮柜	
	11		吊柜	
	12		台灯	

表 1-5　常用厨房用具图例

顺序	序号	图例	名称	顺序	序号	图例	名称
六	1		煤气灶	六	4		洗衣机
	2		水槽		5		浴缸
	3		电冰箱				

表 1-6　常用卫生间用具图例

顺序	序号	图例	名称	顺序	序号	图例	名称
六	6		淋浴房	六	8		座便器
	7		洗脸台				

本 章 小 结

本章主要讲解了建筑装饰设计的概念以及建筑装饰设计的方法和程序，从宏观上对建筑装饰设计做了基本的介绍。

习　　题

1. 根据下面图片做自己的点评（大致分析此设计作品的地点、使用功能和个人觉得特别的地方），请尽可能多地描述自己所观察到的细节，并且对此方案做大胆的假设和联想（图 1-29）。

(a)

(b)

图 1-29

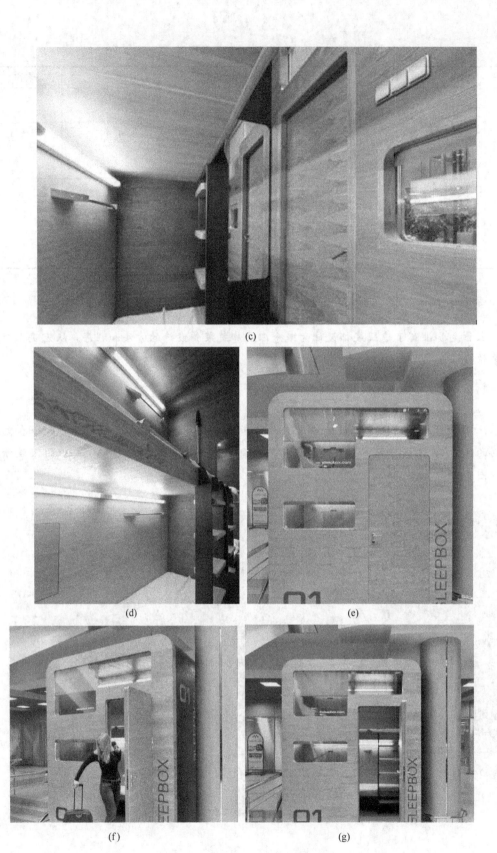

图 1-29　俄罗斯的机场休憩小屋

问题提示：

由于繁琐的登机手续，人们往往要提前很长时间去候机。俄罗斯的 Arch Group 公司设计了一款名叫 Sleepbox 的小房子，简单来说就是机场里的钟点房，内部设有高低铺、阅读灯、无线网络、触摸屏电视等，给枯燥的飞行生活一点家的感觉，值得大力推广。

2. 根据本章提供的建筑装饰设计的分类，自己选取一个专题，可以参考上题图片，收集案例并点评案例。

3. 请说出图 1-30 四个空间图展现的是居住空间的哪些空间？分别有哪些常规的模式和特别的地方？

图 1-30　四个空间图

室内设计的发展与风格流派

2.1 中外室内设计的发展

2.1.1 中国室内设计发展

2.1.1.1 原始社会时期

原始社会时期，西安半坡村的方形、圆形居住空间已考虑按使用需要将室内做出分隔，使入口和火坑的位置布置合理。方形居住空间近门的火坑安排有进风的浅槽，圆形居住空间的入口处两侧也设置了起引导气流作用的矮墙（图2-1）。

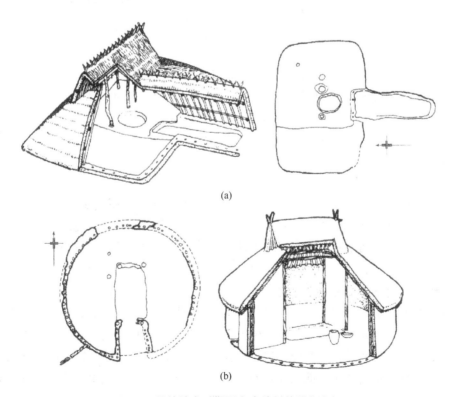

(a)

(b)

图 2-1 原始社会时期西安半坡村的居住空间

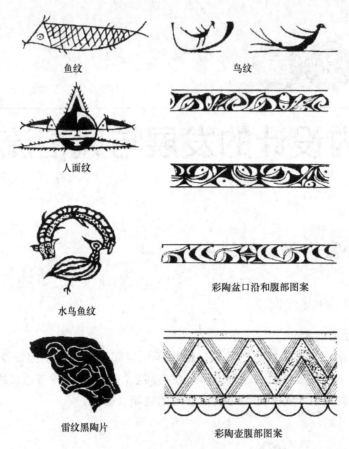

鱼纹　　　　　　　　鸟纹

人面纹

彩陶盆口沿和腹部图案

水鸟鱼纹

雷纹黑陶片　　　　　　彩陶壶腹部图案

图 2-2　装饰纹样

　　早在原始氏族社会的居室里，已经有人工做成的平整光洁的石灰质地面，新石器时代的居室遗址里，还留有修饰精细、坚硬美观的红色烧土地面，即使是原始人穴居的洞窟里，壁面上也已绘有兽形和围猎的图形（图2-2）。也就是说，即使在人类建筑活动的初始阶段，人们就已经开始对"使用和氛围"、"物质和精神"两方面的功能同时给予关注。

2.1.1.2　春秋战国时期

　　燕下都遗址出土的花砖有各种纹饰（图2-3）。龙纹是在青铜器上流行时间最长的装饰纹样之一。龙是古代神话传说中的动物，是殷人卜问的对象之一。夔纹是商代和西周前期青铜器上的重要装饰纹样之一，表现传说中的一种近似龙的动物整身侧面像，多为一角一足，口张开，尾上卷。春秋时代，蟠螭纹的兴起，逐渐占据了统治地位。蟠螭纹是完全图像化的纹饰，它已经不再带有任何神秘的色彩了。

　　春秋时期的鲁班，鲁国人，是中国第一位有名有姓的建筑师和家具设计师。春秋和战国之交，社会变动和铁器的广泛使用，使工匠获得施展才能的机会。在此情况下，鲁班在机械、土木、手工工艺等方面有所发明。今天，木工师傅们用的手工工具，如钻、刨子、铲子、曲尺、划线用的墨斗，据说都是鲁班发明的。而每一件工具的发明，都是鲁班在生产实践中得到启发，经过反复研究、试验出来的（图2-4）。

　　商朝的宫室，从出土遗址显示，建筑空间秩序井然，严谨规正，宫室里装饰着朱彩木

龙纹 商代晚期

夔纹 西周早期

蟠螭纹 战国早期

图 2-3 春秋战国时期的纹饰

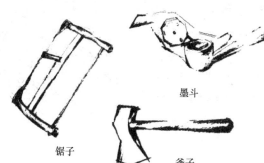

刨子

墨斗

锯子

斧子

锤子

图 2-4 鲁班工具

料，雕饰白石，柱下置有云雷纹的铜盘。

春秋时期思想家老子在《道德经》中提出："凿户牖以为室，当其无，有室之用。故有之以为利，无之以为用。"形象生动地论述了"有"与"无"，围护与空间的辩证关系，也揭示了室内空间的围合、组织和利用是建筑室内设计的核心问题。自古以来建筑装饰纹样的运用，也正说明人们对生活环境、精神功能方面的需求。

2.1.1.3 秦汉时期

秦汉宫殿的墙壁有以椒涂壁法，多用于后宫，因其香气氤氲，又取椒多子之意，称这种宫室为"椒宫"。

画像石（图 2-5）是以刀代笔在石板上进行雕刻的做法，常用线刻，也有浮雕式，是一种半画半雕的装饰。画像砖的载体是砖，其上的纹样是模印或捺印出来的。画像石与画像砖之所以盛行于汉代，与汉代盛行厚葬之风有关，因为画像石与画像砖比一般壁画耐久，用其装饰陵墓，更有永生的意义。目前发现的画像石，都是西汉之后的，技法有单线阴刻、减地平雕、减地平雕兼阴刻以及沉雕等。

2.1.1.4 魏晋南北朝时期

魏晋南北朝时期佛教建筑、石窟建筑发展迅速，砖瓦的应用更加广泛。石窟寺是在山崖上开凿出的窟洞型佛寺（图 2-6，图 2-7）。自印度传入佛教后，开凿石窟的风气在全国迅速传播开来。最早首先是在新疆出现石窟，其次是甘肃敦煌莫高窟，创于公元 366 年。以后各地石窟相继出现，其中著名的有山西大同云冈石窟、河南洛阳龙门石窟、山西太原天龙山石窟等。这些石窟中规模最大的佛像都由皇室或贵族、官僚出资修建，窟外还往往建有木建筑加以保护。石窟中所保存下来的历代雕刻与绘画是我国宝贵的古代艺术珍品，

(a) 牛耕画像石刻   (b) 精致的画像砖刻

图 2-5 汉代建筑装饰性石刻与砖刻

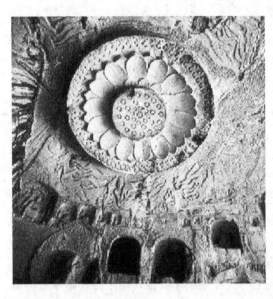

图 2-6 河南洛阳龙门石窟北魏   图 2-7 河南洛阳龙门石窟佛
莲花洞的穹窿顶   龛中的屋顶形象（歇山式）

其壁画、雕刻、前廊和窟檐等方面所表现的建筑形象，是研究魏晋南北朝时期建筑的重要
资料（图 2-8，图 2-9）。

2.1.1.5 隋唐五代时期

隋唐建筑的墙壁多为砖砌，木柱常涂朱红，土墙、砖墙常抹草泥并涂白（图 2-10）。
顶棚的做法有两类：一种是"露明"做法；另一种是"天花"做法（图 2-11）。公元 662
年，唐高宗在长安东北方的高地上兴建新宫——大明宫。这是唐代所建最大的宫殿，比现
存的北京明清紫禁城大 44 倍。

图 2-8　北魏洛阳城永宁寺遗址出土的陶俑和瓦当

(a) 铜铺首　　　(b) 莲纹瓦当　　　(c) 瓦钉和瓦当　　　(d) 狮面脊头砖

图 2-9　北魏洛阳城永宁寺遗址出土的建筑构件

图 2-10　朱柱素壁

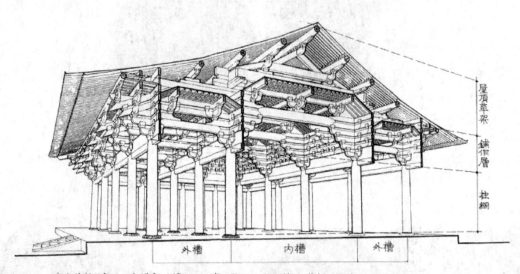

图 2-11　佛光寺

　　大殿屋面坡度较平缓，举高约 1/4.77。正脊及檐口都有升起曲线，屋面筒瓦虽是后代所铺，但鸱尾式样及叠瓦脊仍遵旧制。

　　柱高与开间的比例略呈方形，斗拱高度约为柱高的 1/2。粗壮的柱身，宏大的斗拱，再加上深远的出檐，都给人以雄健有力的感觉。

2.1.1.6　宋朝时期

　　网师园（图 2-12）始建于 1174 年（宋淳熙初年），始称"渔隐"，几经沧桑变更，至 1765 年（清乾隆三十年）前后，定名为"网师园"，并形成现状布局。大厅是园主喜庆宴请、家族议事和接待宾客的主要场所。厅堂正面高悬明代著名书法家文征明所书"万卷堂"匾。东西两壁，对称挂大理石山水挂屏，厅堂家具为一套明式家具。

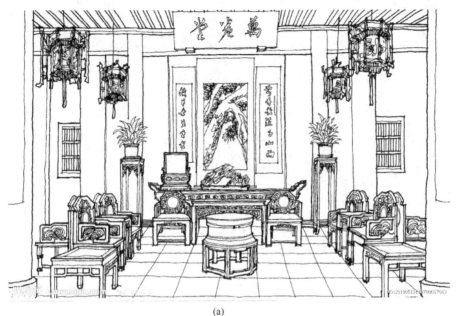

(a)

(b)

图 2-12　苏州网师园万卷堂

2.1.1.7　明清时期

　　明朝长春宫（图 2-13），内廷西六宫之一，明永乐十八年（1420 年）建成，初名长春宫，明嘉靖十四年（1535 年）改称永宁宫，明万历四十三年（1615 年）复称长春宫。清康熙二十二年（1683 年）重修，后又多次修整。清咸丰九年（1859 年）拆除长春宫的宫门长春门，并将太极殿后殿改为穿堂殿，咸丰帝题额曰"体元殿"。长春宫、启祥宫两宫院由此连通。

图 2-13　明朝长春宫

明代养心殿（图 2-14），建于嘉靖年间（1521～1566 年），位于内廷乾清宫西侧。

图 2-14　明代养心殿

清代名人笠翁李渔在专著《一家言居室器玩部》的居室篇中论述："盖居室之制，贵精不贵丽，贵新奇大雅，不贵纤巧烂漫"；"窗棂以明透为先，栏杆以玲珑为主，然此皆属第二义，其首重者，止在一字之坚，坚而后论工拙"。对室内设计和装修的构思立意有独到和精辟的见解。

彩画（图 2-15）是我国古代建筑中的一个常见而重要的装饰手法。我国古代建筑直至演变到明清时代，在宫殿、庙宇、寺院、王府以及园林建造上，仍需进行油漆与彩画。

图 2-15　室内彩绘

乾清宫（图 2-16）在故宫内庭最前面。乾清宫是内廷正殿，高 20 米，重檐庑殿顶。殿的正中有宝座，内有"正大光明"匾。两头有暖阁。乾清宫是封建皇帝的寝宫。清康熙前此处为皇帝居住和处理政务之处。清雍正后皇帝移居养心殿，但仍在此批阅奏报，选派官吏和召见臣下。

图 2-16　故宫乾清宫正大光明殿

2.1.2　国外室内设计发展

2.1.2.1　从史前到早期文明时代

人类在地球上已经差不多生存了将近 170 万年。对各种事件和发展的详细记载，人们称之为"历史"的描述大约只有六七千年。图 2-17～图 2-19 所示住所应用的建筑材料是他们容易获得的。这种建筑外部可以用树叶、兽皮或者泥土加以覆盖作为外层面。

图 2-17　用树木搭建住所　　　　　　　图 2-18　美国土著人的帐篷是圆形的临时性结构

图 2-19　现代人的野营帐篷　　　　　　图 2-20　古埃及王国第三王朝左塞尔
　　　　　　　　　　　　　　　　　　　　　　　　时期陵墓釉面砖

　　古埃及贵族宅邸的遗址中，抹灰墙上绘有彩色竖直条纹，地上铺有草编织物，配有各类家具和生活用品。古埃及卡纳克的阿蒙（Amon）神庙，庙前雕塑及庙内石柱的装饰纹样均极为精美，神庙大柱厅内硕大的石柱群和极为压抑的厅内空间，正是符合古埃及神庙所需的森严神秘的室内氛围，是神庙的精神功能所需要的（图2-20，图2-21）。

(a)

(b)　　　　　　　　　　　　　　　　　(c)

图 2-21　阿布辛贝神庙的室内

2.1.2.2　希腊和罗马

　　古希腊和罗马在建筑艺术和室内装饰方面已发展到很高的水平。古希腊雅典卫城帕特农神庙的柱廊起到室内外空间过渡的作用，精心推敲的尺度、比例和石材性能的合理运用，形成了梁、柱、枋的构成体系和具有个性的各类柱式（图 2-22～图 2-25）。

图 2-22　陶立克柱式

图 2-23　爱奥尼柱式

图 2-24　克林斯柱式

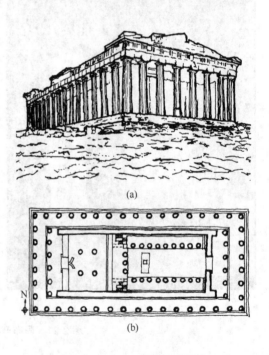

(a)

(b)

图 2-25　古希腊雅典卫城与帕
特农神庙（公元前 4 世纪）

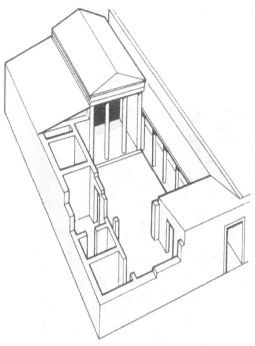

图 2-26　一座典型古希腊住宅的
复原图（公元前 4 世纪）

图 2-27　罗马万神庙

(a)室内透视图

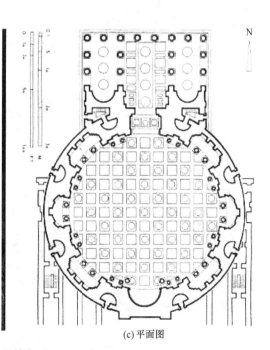

(b)剖面图

(c)平面图

图 2-28　罗马万神庙（Pantheon）

35

从图 2-26 可看出古希腊的住宅已经有很成熟的功能分区划分。古罗马庞贝城的遗址中，从贵族宅邸室内墙面的壁饰、铺地的大理石地面以及家具、灯饰等加工制作的精细程度来看，当时的室内装饰已相当成熟。罗马万神庙室内高旷的、具有公众聚会特征的拱形空间，是当今公共建筑内中庭（Atrium）设置最早的原型（图 2-27，图 2-28）。

图 2-29　维蒂住宅的中庭

图 2-30　维蒂住宅的壁画（庞贝城住宅的室内墙面经常有绘画作为建筑装饰的细部）

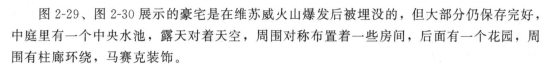

图 2-29、图 2-30 展示的豪宅是在维苏威火山爆发后被埋没的，但大部分仍保存完好，中庭里有一个中央水池，露天对着天空，周围对称布置着一些房间，后面有一个花园，周围有柱廊环绕，马赛克装饰。

2.1.2.3 早期基督教、拜占庭与罗马风

到公元 400 年左右，罗马帝国分裂为东、西罗马两个帝国。在北欧汪达尔人的入侵压力下，西罗马帝国最终走向了灭亡。基督教终于登上了统治舞台，其中心向东移至君士坦丁堡，为早期基督教设计。在这段时期中，集中在东罗马的艺术作品被称为拜占庭式，此后，罗马风的出现才逐渐统治了中世纪欧洲的设计。其中住宅的发展在罗马风的变革中尤为显著。

图 2-31 英国埃塞克斯郡海丁汉姆城堡（参见彩图）

图 2-31 所示的这座英国城堡的大厅有一个巨大的中央石拱券，用来支撑木构件，而木构件又承托着屋顶结构的小梁。该半圆拱券标志的结构是罗曼式（罗马风）。

2.1.2.4 晚期中世纪

哥特风格最初是贬义的。它开始于中世纪之后，当时中世纪的作品被认为是原始粗野的——就像西哥特人的作品。在哥特时期，新构造技术作为建造耐久建筑最先进的技术手段，拱券及相关的拱顶技术保留了下来（图 2-32）。

哈登大厦宴会大厅（图 2-33）是领主及其随从的聚会空间，有石砌墙，带横拉杆的木质两坡顶以及尖券窗。在墙体较低矮处的木镶板延伸着，拉到房间的另一端形成"隔屏"，划出一服务区域直通厨房。"隔屏"支撑着一个小眺台，传统是作为娱乐空间使用的。

中世纪晚期的一间屋子里（图 2-34，图 2-35），玛利亚坐在一张带有摇动后靠背的椅

子上，靠着炉火边摆放着一个搁脚板，地面上铺着花砖，顶棚由露明的木构架组成，木构架的横梁搁在石制牛腿上，窗户上带有格子，格子糊满了羊皮纸，窗户上的木百叶可以调节，用来控制光照和温度。

图 2-32　沙特尔大教堂彩色玻璃长窗
（重建于 1194～1260 年，
法国著名的早期哥特式教堂）

图 2-33　英格兰德比郡
哈登大厦

图 2-34　圣玛利亚双子诞生图（15 世纪
中叶，艺术家将图画场景布置在
一个中世纪晚期的室内）

图 2-35　圣母领报图

2.1.2.5 意大利文艺复兴

现代西方世界可以被认为始自文艺复兴。大约在 1400 年，中世纪思想开始在艺术、建筑、室内设计以及人类生活的各个领域逐渐让位给变化了的新思想。

图 2-36　佛罗伦萨达芬查蒂府邸（14 世纪 90 年代）

图 2-36 所示的府邸卧室地面铺有花砖，并且在暴露木结构的顶棚上绘有一种装饰性图案。强烈的红色使空间具有一种总体的暖色效果。一个百叶窗和墙角的壁炉完善了房间的功能设施。

2.1.2.6 意大利和北欧的巴洛克与洛可可风格

巴洛克（图 2-37，图 2-38）一词是发展之意，巴洛克源于葡萄牙文"barocco"，意指异形的珍珠。巴洛克一词用在此处是指一种设计风格，它在意大利沿袭了 16 世纪文艺复兴盛期演变而来的手法主义，并在此基础上得到了发展。

洛可可（图 2-39，图 2-40）一词源于法文或西班牙文，意思是"贝壳状的"，是用来描述 18 世纪起源于法国、德国南部和奥地利的艺术作品。洛可可风格的发展过程与受严格约束的新古典主义有部分时间是重合的。一般来说，巴洛克风格多体现在宗教建筑上，而洛可可风格则更多地在世俗建筑中表现，当然两者也有重叠的部分，例如，可以说带有洛可可室内细部的巴洛克建筑。

2.1.2.7 法国和西班牙的文艺复兴、巴洛克与洛可可风格

文艺复兴是从意大利向法国、中欧地区和西班牙传播的。1495～1525 年间，法国人入侵意大利，把意大利思想意识带入法国上流社会。在法国，精巧的洛可可艺术交织着巴洛克风格共同进入 18 世纪。西班牙建筑师到意大利旅行或干脆在那里工作，带回文艺复兴盛期风格，西班牙人喜爱丰富的装饰。

图 2-37　罗马耶稣会堂（始建于 1568 年，
意大利文艺复兴早期巴洛克风格教堂）

图 2-38　圣彼得主教堂（始建于
1656～1666 年，意大利文
艺复兴时期巴洛克风格教堂）

图 2-39　阿玛林堡大镜厅（始建于
1734～1739 年，德国 18 世纪
洛可可风格宫廷厅堂杰作）

图 2-40　凡尔赛宫玛利屋（始建于
1787 年，法国 18 世纪著名的文艺
复兴时期洛可可风格宫廷厅室）

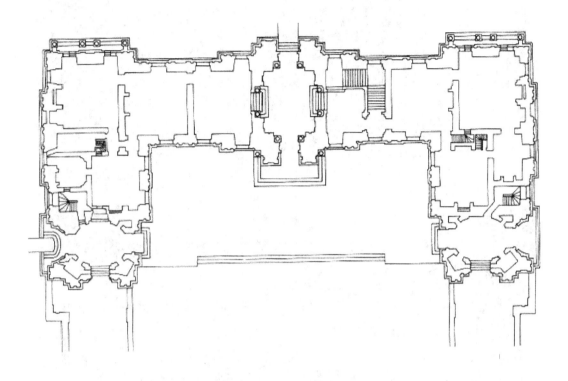

图 2-41　巴黎近郊麦松府邸（弗朗索瓦·孟萨设计）

图 2-41 是一个完全对称的府邸平面图，U 字形平面，房间之间相互贯通，没有独立的回廊环绕，这里有一个壮观的大楼梯（在左门厅右侧），其他服务性楼梯很小，隐藏在不起眼的角落里。

图 2-42 所示的房间很简洁，这是新古典主义的路易十六风格，但是后来布置了帝国风格的家具，黑色与金色的橱柜，简洁的凳子和牌桌，还有镜子上面的鹰饰都暗示 18 世纪的结束和 19 世纪时尚的到来。

图 2-43 所示的房间展示了采用各种各样在战争中得来的战利品作为装饰物，体现帝国风格，颂扬拿破仑的战绩。这间为约瑟芬皇后设计的带有帐篷式的卧室直到 1812 年才完成。

图 2-44 所示的这间厨房是 16～19 世纪法国南部的典型样式，贴着瓷砖的炉灶显示改进的烹调方法，但是在右边敞开的壁炉依然扮演着传统角色。与烟囱排风罩底边的线脚不同，壁炉设有装饰。

类似图 2-45 网格的房间会在 18 世纪或 19 世纪法国南部乡村找到。壁炉周围和炉台上的花纹带来一定程度的雅致，并且和漂亮的床，带拱券、帐幔的凹空间很配。简洁的、有条纹的墙纸铺满墙壁。

2.1.2.8　低地国家和英国从文艺复兴到乔治风格的转变

文艺复兴思想的向北传播一直延续到荷兰与拂兰德地区（现今的荷兰和比利时，图 2-46）以及英伦诸岛。思想的运动与货物和人的运动不同，并不需要连续的流动，而且在空间和时间上可能是跳跃的。

图 2-42　巴黎近郊贡比府邸大客厅（1786 年）

图 2-43　巴黎马尔麦松府邸

图 2-44　法国格拉斯地方风格的厨房

图 2-45　法国格拉斯地方风格的卧室

图 2-46　低地国家地图

知识链接 ➡

　　低地国家是对欧洲西北沿海地区的称呼，广义上包括荷兰、比利时、卢森堡以及法国北部与德国西部，狭义上则仅指荷兰、比利时、卢森堡三国，合称"比荷卢"或"荷比卢"。

　　地理学家们在有关欧洲的地理著作中，常把比、荷放在一起叙述。由于比、荷濒临北海和英吉利海峡，同卢森堡以及欧洲北部的部分地方称为"尼德兰"，即"低地"，所以1830年比利时脱离荷兰独立后，人们仍称比、荷为"低地国家"。

　　哈德威克府邸长厅（图2-47）位于这座英国伊丽莎白时期最壮观的"大府邸"的最上层，右边开间内巨大的窗户让光线照亮整个房间，墙壁覆盖以挂毯，壁炉和烟囱腰部以上是意大利风格的石工装饰，绘画和大多数家具是中世纪晚期作品，但是石膏细条图案的顶棚是原来就有的。

　　哈德威克府邸1647年毁于大火。所谓的"双立方体"是指空间的几何性，在这个基本上简洁的形式内充满白色和金色的镶板，凡·戴克的肖像画和令人惊讶的带装饰的弓形顶棚，从中间的椭圆形洞口可以看见奇妙的穹顶，带镀金的家具暗示对于法国洛可可主题的兴趣。

2.1.2.9　殖民时期与联邦时期的美洲

　　15～16世纪的探险者发现了美洲，这给欧洲人带来了移居这个"新世界"的多种可能性。移民的原因逐渐从获取经济利益转向逃避宗教迫害，同时还有单纯的对新的经历和

(a)

(b)

图 2-47　英格兰德比郡哈德威克府邸长厅（1591～1597 年）

冒险的渴望。

　　殖民地常被尽可能地看成是重新塑造已衰落的欧洲环境的动力（阿凡达）。那种把新世界看成是旧世界复制品的观点在许多逃避贫穷和压迫的移民者看来是荒谬的。

　　新住宅和新城市建造的目的是典型地在回溯着欧洲的过去。因此，在中美洲和南美洲，西班牙和葡萄牙移民建造了银匠式、巴洛克式和西班牙洛可可式风格的教堂。但是现实的气候条件，某些材料的可能，某些材料的匮乏，以及对边远地区进行生活安排的要求，都迫使殖民者对老式的、熟悉的做法不得不做某些调整，而这种调整经常是勉强的。

图 2-48　弗吉尼亚州弗农山庄（建于 1740 年）

　　弗农山庄（图 2-48）是华盛顿家族的种植园住宅，绿色的壁纸，奶油色涂料的木作，细部不似其他住宅那样有古典的完美，但整体效果是庄严的，装饰讲究。

2.1.2.10　摄政时期，复古思潮与工业革命

　　19 世纪科学的发展和工业化的到来，使得现代生活完全不同于先前的样子。象征 20 世纪的交通和通信的巨大发展，以及世界人口的大量增长。设计界面对这样深度和广度的变化，感到艰难。因此，19 世纪的建筑装饰设计是在变化与反变化的矛盾中学习成长的。

　　图 2-49 所示的这幢特别的房子出现在 1823 年的一幅版画图中，此房间采用哥特复兴作为主导样式，虽然有"修道院"这样的名字，但它并不是一座修道院，染色的玻璃，花饰窗格和用石膏模仿的扇形拱顶，红地毯、窗帘和椅垫衬托出更微妙的粉红色和灰色粉刷过的墙面。

2.1.2.11　维多利亚时期

　　直到 19 世纪，成长中的中产阶级由社会的上升阶层构成，他们学会了将工业革命转化成新的财富来源。住在豪宅、城堡、宫殿中的有钱有势的贵族，早已被富丽装饰的物

图 2-49　英国威尔特郡修道院（1795 年始建）（参见彩图）

图 2-50　伦敦切尔西堤岸斯旺住宅客厅（1876 年）

品、华丽的地毯、帐帘围绕着，这些都是技艺高超的匠人用昂贵的材料手工制成的。现在，新兴的中产阶级能够大批量地并且廉价地生产这些东西，装饰成为所有设计的主题。

图 2-50 所示的这张 1884 年的照片是维多利亚式的室内，有多种令人喜爱的饰品，安妮女王式座椅，工艺美术装饰，威廉·莫里斯的影响可见于壁纸，它也用于顶棚，还可以见到装饰性的大钢琴。

图 2-51　纽约哈德逊河附近奥兰那住宅（1874～1889 年）

图 2-52　罗得岛纽波特城埃尔木斯别墅（1910 年）

图 2-51 所示建筑的门厅展示了对维多利亚风尚的喜爱，综合了各种元素，想要表现"波斯"式，因而浪漫而有艺术性，帘子界定了升高的地面，楼梯从这里通向摩尔式的拱券，着色的玻璃窗可给室内采光。

特朗布尔的作品（图 2-52）标志着生动的维多利亚装饰主义到 19 世纪与 20 世纪的世纪之交后转向历史主义的折中趋向。这座雄伟的住宅尝试着再造法国文艺复兴的府邸，柱子、壁炉上的大理石饰物、水晶枝状吊灯、法国奥布森地毯和丰富雕刻的家具都用以满足富有主人的理想。

2.1.2.12　新艺术运动与维也纳分离派

新艺术运动的发源地是比利时，它是欧洲大陆工业化最早的国家之一。19 世纪初以来，布鲁塞尔就已是欧洲文化和艺术的一个中心。比利时和法国成为新艺术运动最主要的地区。在奥地利，维也纳成为一种新潮流的中心，这种新潮流即著名的维也纳分离派（图 2-53～图 2-56）。

图 2-53　新艺术运动酒店入口

图 2-54　吉马特当年作为新艺术运动代表所做的地铁入口设计

图 2-55　新艺术风格地铁入口

图 2-56　新艺术风格卧室设计

新艺术运动开始在 19 世纪 80 年代，在 1890～1910 年达到顶峰。新艺术运动的名字源于法国设计师兼艺术品商人萨穆尔·宾 (Samuel Bing) 在巴黎开设的一间名为"现代之家" (La Maison Art Nouveau) 的商店，他在那里陈列的都是按这种风格所设计的产品。并于 1895 年在巴黎开设了设计事务所"新艺术之家"。准确地说，新艺术可分为直线风格和曲线风格，装饰上的和平面艺术的风格，并以其对流畅、婀娜的线条的运用、有机的外形和充满美感的女性形象著称。这种风格影响了建筑、家具、产品和服装设计以及图案和字体设计。

欧仁·瓦林主要负责这座餐厅（图 2-57）各种细部设计。木制的橱柜、壁炉框与支架、顶棚细部、悬挂的灯具、地毯以及家具都是瓦林的创作设计，所有这些流行的曲线表现了典型的新艺术运动的特征。

图 2-57　法国马松住宅的餐厅（参见彩图）

塔塞尔住宅（现在为墨西哥大使馆，图 2-58）中的楼梯间为新艺术运动设计师提供了机会去表现其流动曲线的踏步，栏杆以及内部墙壁和顶棚上的彩色图案或绘画图案。纤细的立柱表明了金属材料成为合理的室内材料，同时，吊灯的形式也表现出对新出现的灯具的探索。

新艺术运动发展的最高峰是 1900 年在巴黎举行的世界博览会，现代风格在各方面都获得了成功。在此后十年，新风格因为在最普通的大批量产品中迅速地普及，导致新艺术运动在大约 1907 年以后就开始被忽视。

(a)   (b)

图 2-58　布鲁塞尔塔塞尔住宅（1892 年）

 知识链接 ➡

　　威廉·莫里斯对生活世界的贡献：他在世界上首次推出"有品质的生活"的观念。"不要在你家中放一件虽然你认为实用的，但是难看的东西。"这种看法是他的功能与美观结合的设计思维的体现。开办了世界上第一家设计公司"莫里斯商行"。他是历史上以"民主"的理念为设计观支配设计实践的第一人。

2.1.2.13　折中主义

　　从 19 世纪末开始至 20 世纪中期结束，"各种时代"逐渐被认为是可能激发新作品灵感的一个储藏库。

　　"折中主义"——"选择在各种主义、方法或风格中看起来是最好的东西。"折中主义在美国特别兴盛，可能是因为美国历史短暂，建造时无据可依。从过去历史中去汲取某些事物的理念，有可能引入它的文化、风格与形态，它逐渐使美国新贵们着迷，这些人在某些方面有点像欧洲贵族。折中主义为美国机构提供了视觉上的纪念物。

　　图 2-59 所示的房间宏伟的规模使身处挂毯、浮雕、旗帜和狩猎品之中的桌椅显得异常的微小。

2.1.2.14　现代主义

　　20 世纪的头十年是"第一次机器时代"。此前手工劳动曾是主要的生产方式。而在当今世界，很少有手工制作的产品，且工厂生产的产品已变得标准化，第一次世界博览会向全世界宣告了这一成果（图2-60）。法西斯主义以及第一次世界大战造成的灾难就是历史上一直遵循的传统与这个现代世界不再有关系了。

在19世纪，人们努力寻找新的设计方向——工艺美术运动、新艺术运动和维也纳分离派——都保持着和过去的联系。工艺美术运动希望回归前工业时代的手工技艺。折中主义被用来作为旧形式向当今现实情况转化的手段。19世纪装饰主义繁琐的细部和肤浅的历史主义的折中作品均成为人们抨击的焦点。现代主义的领导者们是革命者，尽管他们同政治意义的革命观念并无直接的联系。在设计领域，如同在音乐、文学和艺术领域一样，新思想对社会主流都具有扰乱和震撼的意义。

20世纪初，现代主义是所有新形式的称谓，设计领域有四位人物被认为是现代主义的先驱，分别是欧洲的沃尔特·格罗皮乌斯、密斯·凡德罗、勒·柯布西耶和美国的弗兰克·赖特。

图2-59 北卡罗来纳州阿什维尔·比尔特莫尔府邸（1890～1895年）（参见彩图）

图2-60 水晶宫（Crystal Palace，英国海德公园）

勒·柯布西耶是一位集绘画、雕刻和建筑于一身的现代主义建筑大师。他在1929年设计的萨伏伊别墅时对新的建筑语言做了总结，在1926年出版的《建筑五要素》中，柯布西耶曾提出了新建筑的"五要素"，它们是：①底层的独立支柱；②屋顶花园；③自由平面；④自由立面；⑤横向长窗。萨伏伊别墅正是柯布西耶提出的这"五要素"的具体体现，甚至可以说是最为恰当的范例，对建立和宣传现代主义建筑风格影响很大。成为现代主义建筑设计的经典作品之一。他关注中、下层民众的居住环境，倡导大量生产的工业住宅。1952年建造完成的"马赛居住单位"是现代主义公寓建筑的杰作。柯布西耶对现代主义语言探索极广，对模数化和工业预制生产住宅的研究也很深入，并有著述和实践。他晚年设计的朗香教堂（图2-61），其粗犷、隐喻的造型设计举世闻名，特别是室内深邃、神秘的意境和气氛给人创造难忘的体验。

(a)   (b)

图 2-61　法国朗香教堂（勒·柯布西耶设计）

密斯·凡德罗是一位既潜心研究细部设计又抱着宗教般信念的超越空间的设计巨匠。他对现代主义设计影响深远，设计上倾向于造型的艺术研究和广阔空间的观念，而不是把功能作为设计的注解。他在1929年设计的巴塞罗那国际博览会，1958年完成的西格姆酿造公司的38层办公楼，1968年设计的西柏林20世纪博物馆等是现代主义建筑设计的里程碑。他在室内空间设计上主张"灵活多用，四望无阻"，提出"少就是多"的口号，造型上力求简洁的"水晶盒"式样。他注重细部设计，对衔接和节点处理极为重视。使用材料讲究，多用名贵的材料。这些作法对20世纪六七十年代的晚期现代主义建筑及室内设计产生影响。

1919年在德国创建的包豪斯（Bauhaus）学派，摒弃因循守旧，倡导重视功能，推进现代工艺技术和新型材料的运用，在建筑和室内设计方面，提出与工业社会相适应的新观念。包豪斯学报的创始人格罗皮乌斯（Gropius）当时就曾提出："我们正处在一个生活大变动的时期。旧社会在机器的冲击之下破碎了，新社会正在形成之中。在我们的设计工作里，重要的是不断地发展，随着生活的变化而改变表现方式……"

2.1.2.15　20世纪晚期的设计

高技派——现代运动视新技术（钢、混凝土和玻璃）为其主要基础之一。特别是飞机、空间探索和通信的进步以及最近的计算机技术。

后现代主义——现代主义连续发展的一部分特别是新近的方向（幻想和自由）。

传统的复兴——返回古典主义的倾向，它不是对20世纪20年代和30年代折中主义特征做精确复制，而是在古典原则基础上力求创作出新的作品。古典柱式如柱子和山花出现在这些作品中。

晚期现代主义（图2-62）——在新近设计中另一主题是拒绝后现代主义特征而继续忠于早期现代主义观念。晚期现代主义是以发展的方式前进，如贝聿铭、迈耶。

图 2-62　美国建筑师之家——玻璃屋（约翰逊设计）

2.2　典型风格流派

从建筑风格衍生出多种室内设计风格，根据设计师和业主审美和爱好的不同，又有各种不同的幻化体。所谓风格，指的是远古以来，人类试图通过明确和具有普遍性的特征来确定一种物件，从而传达它包含的概念，其客观性使之成为经典。

2.2.1　古典欧式风格

古典欧式风格是一种追求华丽、高雅的古典风格，其设计风格直接对欧洲建筑、家具、文学、绘画甚至音乐艺术产生了极其重大的影响，具体可以分为六种风格：罗马风格、哥特式风格、文艺复兴、巴洛克风格、洛可可风格、新古典主义风格。古典风格中深沉里显露的尊贵豪华，对细节的孜孜追求，也成为一些成功人士享受生活理念的一种写照（图2-63）。

知识链接

巴黎乔治五世四季酒店地处巴黎金三角中心（31 Avenue George V Paris 75008），紧邻香榭丽舍大道，与充满浪漫气息的塞纳河仅数步之遥，245间富丽堂皇的客房使其在巴黎豪华酒店中出类拔萃。该酒店平均每晚房价高达850美元。

(a)

(b)

图 2-63

(c)（参见彩图）

(d)

(e)

(f)

图 2-63

(g)

(h)

图 2-63 巴黎乔治五世四季酒店

[法国 PYR（Pierre-Yves Rochon）设计公司设计]

"乔治五世四季酒店"于1997年由"四季集团"接手，并进行了为期两年多的彻底改革，之后于2000年重新营业。皇家套房是酒店内最贵的，每天的租金高达9000欧元，渴望体验皇家风范的豪客长年累月栖身于此，享受着君王才能享受的服务，这里的每一个细节都奢靡至极，简直是一个微缩的帝国。

沙特阿拉伯王子阿齐兹1996年买下巴黎乔治五世四季酒店之后，就强调巴黎乔治五世四季酒店是全世界最棒的酒店。四季集团总部位于加拿大多伦多，该集团专门从事中型豪华都市酒店和度假村的建设和物业管理，目前在全球共拥有60家酒店。因为和其他国际酒店集团的多样化品牌模式不同，四季集团实行单一品牌模式，所以对于扩张新酒店十分谨慎。

2.2.2　新古典风格

新古典主义的设计风格其实是经过改良的古典主义风格。一方面保留了材质、色彩的大致风格，仍然可以很强烈地感受传统的历史痕迹与浑厚的文化底蕴，同时又摒弃了过于复杂的肌理和装饰，简化了线条。更像是一种多元化的思考方式，将怀古的浪漫情怀与现代人对生活的需求相结合，兼容华贵典雅与时尚现代，反映出后工业时代个性化的美学观点和文化品位。

图2-64　西班牙塞维利亚阿方索十三世酒店（HBA室内设计事务所设计）（参见彩图）

西班牙之灵魂塞维利亚地处西班牙中部，而阿方索十三世酒店（图2-64）则位于塞维利亚的中心腹地。这座建于1929年的地标性建筑在2012年经过重新翻修，完美呈现出摩尔式建筑风格，并可直通著名的圣克鲁兹区和瓜达几维河。坐拥富丽堂皇，从酒店大堂到内部庭院，酒店的创新装潢设计无不体现出塞维利亚的当地特有风格。

传承悠久历史，HBA（Hirsch Bedner Associates）翻新的151间客房均彰显了塞维利亚和西班牙不同时期的历史风情，其中包括安达卢西亚、卡斯蒂利亚和摩尔风格。时尚的线条与传统的建材巧妙融合，营造出舒适质朴而又不失优雅华丽的迷人氛围。

HBA 作为全球酒店室内设计业的领袖，把握着全球旅游者的脉搏，跟随着行业的潮流而动。很多国际知名的酒店的背后，都闪耀着 HBA 的设计师们无限的创造力。总部坐落于美国洛杉矶市的 HBA，在全球拥有 12 家分公司。HBA 的设计哲学是：在时间和预算允许的范围内，打造出一个精心策划的，把梦境、剧场及舒适融为一体的空间感。

2.2.3　现代简约风格

以简洁的表现形式来满足人们对空间环境那种感性的、本能的和理性的需求，现代简约风格非常讲究材料的质地和室内空间的通透哲学。一般室内墙地面及顶棚和家具陈设，乃至灯具器皿等均以简洁的造型、纯洁的质地、精细的工艺为其特征。尽可能不用装饰和取消多余的东西，认为任何复杂的设计，没有实用价值的特殊部件及任何装饰都会增加建筑造价，强调形式应更多地服务于功能。室内常选用简洁的工业产品，家具和日用品多采用直线，玻璃、金属也多被使用。

梁志天以独特的简约风格，已经为不同的居住空间赋予了全新的感觉，用他的作品（图 2-65）演绎着七种截然不同的心情。

酷：以前瞻性的设计笔触，给予胆色和前瞻性的生活品位，在平淡和谐中凸显强烈的感触……设计师利用简洁的线条和强烈的色调对比，配合不落俗套的挂饰和家具，把酷气和帅气全面呈现，带给人耳目一新的感觉。

峻：把后现代科技的冷峻和客观引进家居设计，以硬朗的物料和明快的色调，迸发出赏心悦目、隽永怡神的效果。设计师以清新笔触勾画钢材和银白家具，赋予空间素净明亮的神采。

闲：引进大自然的阳光、空气和树木，把满腔闲情溶化于浓淡有致的碧青和原木中，让人在紧迫的城市生活节奏下享受那难得的一刻闲暇。

净：一尘不染、素净澄明。设计师用平静的心灵看世界，利用淡淡的家具布局把原有的空间净化，把屋主的气质和品位含蓄地表现出来。

颐：是东方浪漫情怀与西方简约雍容的巧妙结合。设计师以深木色与米白色的家具组合缔造中国的古品书香，配合别具风雅的挂饰和小物摆设，让空气中弥漫一股颐乐之象。

醉：糅合巴洛克典雅风格与现代唯美主义，把宽敞舒适的空间修饰为富丽堂皇的尊贵府第，令人醉倒在满泻的昏黄灯光下。

宽：跳出框框，跃进广阔的视觉空间。设计师以简约笔触演绎现代豪宅的气派与和谐，为偌大的空间带来家的感觉，令人开怀。

图 2-65　梁志天作品

知识链接

极简主义（minimalism）以简单到极致为追求，感官上简约整洁，品位和思想上更为优雅。是第二次世界大战之后 20 世纪 60 年代所兴起的一个艺术派系，又可称为"minimal art"（图 2-66～图 2-68）。

图 2-66　现代简约洗手池

图 2-67　现代简约玄关设计

图 2-68　现代简约墙面柜子设计

2.2.4　现代前卫风格

现代前卫风格比简约更加凸显自我、张扬个性，比简约更加凸显色彩对比。无常规的

(a)

(b)

图 2-69　琚宾代表作品

空间结构，大胆鲜明、对比强烈的色彩布置，以及刚柔并济的选材搭配，无不让人在冷峻中寻求到一种超现实的平衡，而这种平衡无疑也是对审美单一、居住理念单一、生活方式单一的最有力的抨击。崇尚时尚的夸张、怪异、另类的直觉只是其中的部分，更重要的是要注意色彩对比，注重材料类别和质地。

知识链接
设计师琚宾

纪录片《设计，是件有感而发的事》是由 HSD 水平线（北京·深圳）设计公司设计总监琚宾先生编制的自己的真实故事。为其本人入选 2011 年度 INTERIORDESIGN 美国室内设计·中文版名人堂而制作。

与此同时，由他带领的设计团队，囊括了金堂奖、IAI 亚太室内设计绿色大奖、Idea-Tops 艾特奖、传媒奖等所设立的酒店类、别墅类、展示类的最高奖项。琚宾代表作品见图 2-69。

(a)

(b)

(c)

(d)

图 2-70　地中海风格客厅设计

2.2.5　地中海风格

对于地中海风格来说，白色和蓝色是两个主打色系，最好还要有造型别致的拱廊和细细小小的石砾。在打造地中海风格的家居时，配色是一个主要的方面，要给人一种阳光而自然的感觉。主要的颜色来源是白色、蓝色、黄色、绿色以及土黄色和红褐色，这些都是来自于大自然最纯朴的元素（图 2-70）。

2.2.6 美式风格

美国是一个崇尚自由的国家，这也造就了其自在、随意的不羁生活方式。美式风格有着欧罗巴的奢侈与贵气，但又结合了美洲大陆这块水土的不羁，这样结合的结果是剔除了许多羁绊，但又能找寻文化根基的新的怀旧、贵气加大气而又不失自在与随意的风格（图2-71）。

美式家居风格的这些元素也正好迎合了时下的文化资产者对生活方式的需求，即有文化感、有贵气感，还不能缺乏自在感与情调感。

图 2-71　美式书房设计（参见彩图）

2.2.7 田园风格

田园风格虽有不少的流派，但一般给人的印象是体积巨大厚重，非常的自然且舒适，充分显现出乡村的朴实风味。布艺是田园风格中非常重要的运用元素，本色的棉麻是主流，布艺的天然感与乡村风格能很好地协调，各种繁复的花卉植物、靓丽的异域风情和鲜活的鸟、虫、鱼图案很受欢迎，舒适和随意（图2-72～图2-76）。

摇椅、小碎花布、野花盆栽、小麦草、水果、磁盘、铁艺制品等都是田园风格空间中常用的东西。此风格突出了生活的舒适和自由，不论是厚重朴实的家具，还是带有岁月沧桑感的配饰，或是野花盆栽、小麦草、水果、磁盘、铁艺制品等这些空间中常见的物品，都在告诉人们这一点。特别是在墙面色彩选择上，自然、怀旧、散发着浓郁泥土芬芳的色彩是典型特征。

图 2-72　田园风格餐厅

2.2.8　后现代主义

后现代主义崇尚隐喻与象征的表现，提倡空间-时间的新概念，以"多层空间"。扩展视野的空间；他们的仿古不是直接的复古，而是采用古典主义的精神、仿古典的技术，寻找新的设计语言，大胆运用装饰色彩，追求人们喜欢的古典的精神与文化；在造型设计的构图中吸收其他艺术和自然科学的概念，如夸张、片断、折射、裂变、变形等；也用非传统的方法来运用传统，刻意制造各种矛盾，如断裂、错位、扭曲、矛盾共处等，把传统的构件组合在新的情景中，让人产生复杂的联想，目的是创造有意义的环境。

图 2-73　田园风格别墅中庭设计

图 2-74　田园风格厨房岛台

图 2-75　田园风格卫浴

图 2-76　意大利托斯卡纳田园风格

在人类对大自然的征服与过度掠夺过程中，世界进入了后工业社会和信息社会，世界充满着矛盾与冲突。人们对不同矛盾的理解和反应，构成了设计文化中多元化的倾向，有时则是从一个极端走向另一个极端。所以20世纪60年代，后现代主义便应运而生并受到人们的青睐（图2-77～图2-80）。

2.2.9 新中式风格

中国传统的室内设计融合了庄重与优雅双重气质。中式风格更多地利用了后现代手法，把传统的结构形式通过重新设计组合以另一种民族特色的标志符号出现。中式的装饰材料以木材为主，图案多为龙、凤、龟、狮等，精雕细琢，瑰丽奇巧（图2-81～图2-83）。

图 2-77 后现代奢华卧室设计

图 2-78 后现代采光大堂设计

(a)

(b)

图 2-79　后现代黑白风格

图 2-80　后现代纯白客厅设计

图 2-81　新中式风格客厅设计

图 2-82　老房子改建保留结构与风格基调

(a) 浓墨重彩

(b) 浓墨重彩

图 2-83

(c) 幽雅静谧

(d) 自然回归

图 2-83　杭州西溪悦榕庄（Banyan Tree Hangzhou）

本 章 小 结

本章分为两部分内容：①对中外室内设计的发展做了一个粗略的梳理，让学习者对室内设计的每个历史时期的重要设计元素有初步的了解，并且可以比对中外室内设计发展的区别与类似的发展轨迹；②总结了最近流行的典型风格样式，以点带面地阐述每一种风格的独特存在模式，并主要以图片展示让学习者直观地了解典型风格流派。

习　　题

1. 古典欧式风格包含哪些设计元素？

2. 新古典主义包含哪些设计元素？

3. 现代简约风格包含哪些设计元素？

4. 现代前卫风格包含哪些设计元素？

5. 地中海风格包含哪些设计元素？

6. 美式风格包含哪些设计元素？

7. 田园风格包含哪些设计元素？

8. 后现代主义包含哪些设计元素？
9. 新中式风格包含哪些设计元素？
10. 洛可可和巴洛克分别是什么意义？
11. 洛可可和巴洛克的区别是什么？
12. 折中主义的意义是什么？

建筑装饰设计要素

3.1 造型

任何一门艺术都含有它自身的语言，而造型艺术语言的构成，其形态元素主要是点、线、面、体等。

知识链接

瓦西里·康定斯基（1866～1944）

瓦西里·康定斯基是现代艺术的伟大人物之一，现代抽象艺术在理论和实践上的奠基人。他在1911年所写的《论艺术的精神》、1912年的《关于形式问题》、1923年的《点、线到面》。1938年的《论具体艺术》等论文，都是抽象艺术的经典著作，是现代抽象艺术的启示录。"依赖于对艺术单个的精神考察，这种元素分析是通向作品内在律动的桥梁。"——瓦西里·康定斯基（Wassily Kandinsky）《点、线、面》。

【引例】
设计来源于生活，根据图3-1，请谈一谈对这些生活中的点线面的观察和分析。

3.1.1 点

3.1.1.1 "点"的基本认识

一个点是一个零维度对象。点作为最简单的几何概念，通常作为几何、物理、矢量图形和其他领域中的最基本的组成部分。点成线，线成面，点是几何中最基本的组成部分。在通常的意义下，点被看成零维对象，线被看成一维对象，面被看成二维对象，体被看成三维对象。

知识链接

《辞海》中"点"的解释是：细小的痕迹。在几何学上，点只有位置，而在形态学中，点还具有大小、形状、色彩、肌理等造型元素（图3-2）。

(a) 微距拍摄的小花　　　　　(b) 小雨后的蜘蛛网

(c) 雪后的田野

(d) 荷叶上的水珠　　　　　　(e) 斑点狗

图 3-1　点

　　在高空中俯视街道上的行人，便有"点"的感觉，而当回到地面，"点"的感觉也就消失了。在自然界，海边的沙石是点，落在玻璃窗上的雨滴是点，夜幕中满天星星是点，空气中的尘埃也是点。太阳在人们眼中是一个伟大的点，地球在星空中是一个

图 3-2　家具设计里的点

蓝色的点。从几何学角度来看，"点"是最简洁的形态。所以"点"是视觉造型设计语言的出发点。

图 3-3　中心点与线的陪衬

在画面空间中，一方面，点具有很强的向心性，能形成视觉的焦点和画面的中心（图3-3），显示了点的积极的一面；另一方面，点也能使画面空间呈现出涣散、杂乱的状态，显示了点的消极性，这也是点在具体运用时值得注意的问题。

3.1.1.2　设计中点的构成

（1）有序的点的构成（图 3-4～图 3-6）　这里主要指点的形状与面积、位置或方向等诸因素以规律化的形式排列构成，或相同的重复，或有序的渐变等。点往往通过疏与密的排列而形成空间中图形的表现需要，同时，丰富而有序的点构成也会产生层次细腻的空间感，形成三次元。在构成中，点与点形成了整体的关系，其排列都与整体的空间相结合，于是点的视觉趋向线与面，这是点的理性化构成方式。

图3-4　我国传统大门上的门钉装饰　　　　　图3-5　整齐的户外吊灯如繁星般闪烁

　知识链接　→

　　门钉最初用来提防敌人用火攻城，一般铜质上面涂满泥防火。清朝则对门钉的数量和排列有一定的规定：皇家建筑每扇门的门钉是横九路、竖九路。九是阳数之极，象征帝王最高的地位。除此之外还有装饰加固的作用。

　　（2）自由的点的构成（图3-7～图3-10）　这里主要指点的形状与面积、位置或方向等诸因素以自由化、非规律性的形式排列构成，这种构成往往会呈现出丰富的、平面的、涣散的视觉效果。如果以此表现空间中的局部，则能发挥其长处，例如象征天空中的繁星或作为图形底纹层次的装饰。

图3-6　椅背上规整的点

3.1.2　线

3.1.2.1　"线"的基本认识

　　线是点运动的轨迹，又是面运动的起点。在几何学中，线只具有位置和长度，而在形态学中，线还具有宽度、形状、粗细、色彩、肌理（图3-11）等造型元素。

　　优美或变化无常的"线"则是点的移动轨迹。线是永远运动的线条。艺术家克利说他要带着一根线去散步，就是描述给人们一种线的精神状态。

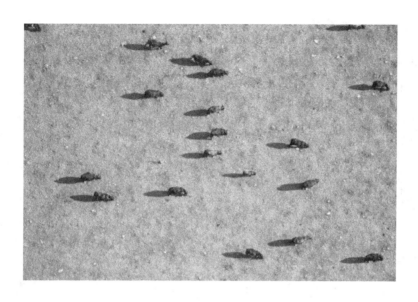

图 3-7　草地上的牛产生自由的点构成

图 3-8　不同的马赛克色块以自由点的形式出现

图 3-9　点拖出的短线产生动感

　　由于线本身具有很强的概括性和表现性，线条作为造型艺术的最基本语言，备受关注。中国画中有"十八描"（图 3-12）的种种线形变化，还有"骨法用笔"、"笔断气连"等线形的韵味追求。学习绘画总是从线开始着手的，如速写（图 3-13）、勾勒草图，大多用的是线的形式。在造型中，线起到至关重要的作用，它不仅是决定物象形态的轮廓线，而且还可以刻画和表现物体的内部结构，例如线可以勾勒花纹肌理（图 3-14，图3-15）。

图 3-10　蒲蒲兰绘本馆（参见彩图）

图 3-11　指纹产生的肌理

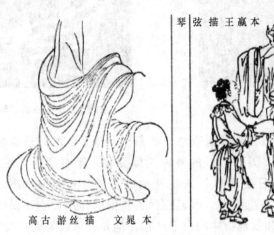

高古 游丝 描　文晁本

图 3-12　十八描代表作品

图 3-13　速写中的线条

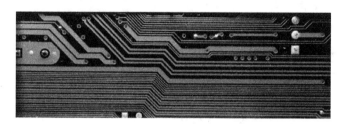

图 3-14　电路板上的点和线

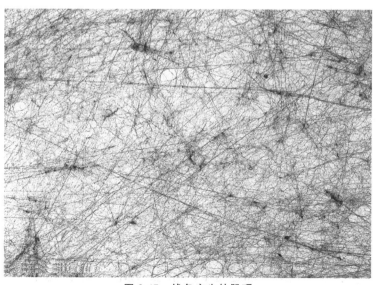

图 3-15　线条产生的肌理

知识链接

中国画技法名

古代人物衣服褶纹的各种描法。明代邹德中《绘事指蒙》载有"描法古今一十八等"。分为：

① 高古游丝描（极细的尖笔线条，顾恺之用之）；

② 琴弦描（略粗些）；

③ 铁线描（又粗些）；

④ 行云流水描；

⑤ 马蝗描（马和之用之，近似兰叶描）；

⑥ 钉头鼠尾；

⑦ 混描；

⑧ 撅头丁（撅，一作橛，秃笔线描，马远、夏圭用之）；

⑨ 曹衣描（有两说，一指曹仲达用之，一指曹不兴用之）；

⑩ 折芦描（尖笔细长，梁楷用之）；

⑪ 橄榄描（颜辉用之）；

⑫ 枣核描（尖的大笔）；

⑬ 柳叶描（吴道子用之）；

⑭ 竹叶描；

⑮ 战笔水纹描（粗大减笔）；

⑯ 减笔（马远、梁楷用之）；

⑰ 柴笔描（另一种粗大减笔）；

⑱ 蚯蚓描。

3.1.2.2 "线"在设计中的运用

通常把线划分为直线和曲线两大类别。

（1）直线 平行线、垂直线（图 3-16）、斜线（图 3-17）、折线（图 3-18）、虚线、锯

图 3-16 竹子的直线构成

齿线（图3-19）等。其中，直线又是"线"中最简洁的形态，直线中的水平线和垂直线又分别代表着不同的视觉语意，水平线让人联想到宽广平和的地平线，或者女性风格，而垂直线可以让人感觉到高度或深度（图3-20，图3-21），甚至有男性的风格。而折线则有紧张感、对立性。

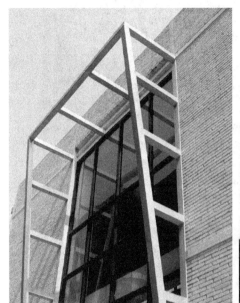

图3-17　建筑外观设计中的平行线、垂直线和斜线；卫浴空间的线条

图3-18　墙面上由木线和绘有梅花图案仿旧镜子组成的装饰就像东方园林中借景的花窗（参见彩图）

图3-19　没有栏杆的楼梯暴露出优美的锯齿线

图 3-20　墙面的垂直线拉高室内空间

图 3-21　结构空间展示的直线感觉

（2）曲线　曲线包括弧线、抛物线、双曲线、圆、波纹线、蛇形线等。多动又润滑的曲线有优美感和抒情性，如女性的 S 形曲线就是最美的曲线之一。蛇形线，由于能同时以不同的方式起伏和迂回，会以令人愉快的方式使人的注意力随着它的连续变化而移动，所以被称为"优雅的线条"（图 3-22～图 3-26）。

图 3-22　女性化的曲线

图 3-23　2010 年上海世博会阿联酋馆外墙

知识链接

　　威廉·贺加斯在《美的分析》一书中这样写道：直线只是在长度有所不同，因而最少装饰性。直线与曲线结合，成为复合的线条（图 3-27），比单纯的曲线更多样，因而也更有装饰性。波纹线，就是由于由两种对立的曲线组成，变化更多，所以更有装饰性，更为悦目，贺加斯称之为"美的线条"。贺加斯还谈道，在用钢笔或铅笔在纸上画曲线时，手的动作都是优美的。

图 3-24　流动的曲线与楼梯的结合　　　　图 3-25　圆形在墙面及顶棚设计中的运用

(a)　　　　　　　　　　　　　(b)

(c)　　　　　　　　　　　　　(d)

图 3-26　家具里面的曲线

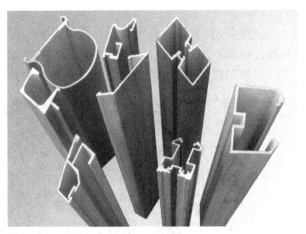

图 3-27　型材剖面的各种形状

3.1.3　面

3.1.3.1　"面"的基本知识

扩大的点形成了面，一根封闭的线造成了面。密集的点和线同样也能形成面（图 3-28）。最安详平和的面就是圆形。

图 3-28　由线产生的面

用面来说话，让人们看到的不过是点的放大，线的扫描，而当"面"移动起来时，就出现立体空间的造型。这一切都是点、线、面的魅力。

3.1.3.2　"面"在设计中的运用

在二维的范围中，画面往往随面（形象）的形状、虚实、大小、位置、色彩、肌理等变化而形成复杂的造型世界，它是造型风格的具体体现。

在"面"中最具代表性的"直面"与"曲面"所呈现的表情如下：直面（一切由直线所形成的面）具有稳重、刚毅的男性化特征；曲面（一切由曲线所形成的面）具有动态、柔和的女性化特征。

1. 认识面的种类

通常面可划分为下述四大种类。

（1）几何形（图3-29～图3-33）　也可称无机形，是用数学的构成方式，由直线或曲线，或直、曲线相结合形成的面，如正方形、三角形、梯形、菱形、圆形、五角形等，具有数理性的简洁、明快、冷静和秩序感，被广泛地运用在建筑、实用器物等造型设计中。

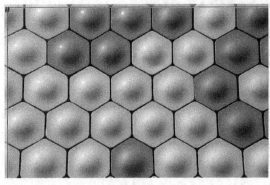

图3-29　蜂窝形建筑表面

图3-30　依附在曲面上的三角形

图3-31　凳子的同形组合

图3-32　符合人体工程学的曲面小靠椅

图3-33　圆形与方形组合的家具

（2）有机形（图 3-34～图 3-36）　是一种不可用数学方法求得的有机体的形态，富有自然发展，亦具有秩序感和规律性，具有生命的韵律和纯朴的视觉特征。如自然界的鹅卵石、枫树叶和生物细胞、瓜果外形，以及人的眼睛外形等都是有机形。

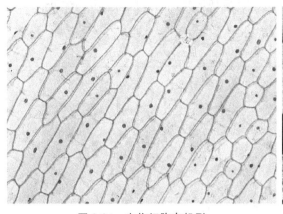

图 3-34　生物细胞有机形　　　　　　　　　　　图 3-35　鹅卵石

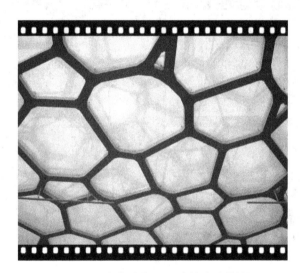

图 3-36　根据有机形设计的建筑结构

（3）偶然形　是指自然或人为偶然形成的形态，其结果无法被控制，如随意泼洒、滴落的墨迹或水迹，树叶上的虫眼等，具有一种不可重复的意外性和生动感。

（4）不规则形　是指人为创造的自由构成形，可随意地运用各种自由的、徒手的线形构成形态，具有很强的造型特征和鲜明的个性。

2．"面"的设计构成

面的构成即形态的构成，也是平面构成中重点需要学习和掌握的，它涉及基本型、骨骼等概念，将在后面的章节中一一探讨论述。这里先讨论一下平面空间中的面与面之间的构成关系。当两个或两个以上的面在平面空间（人们的画面）中同时出现时，其间便会出现多样的构成关系（图 3-37～图 3-39）。

（1）分离　面与面之间分开，保持一定的距离，在平面空间中呈现各自的形态，在这里空间与面形成了相互制约的关系。

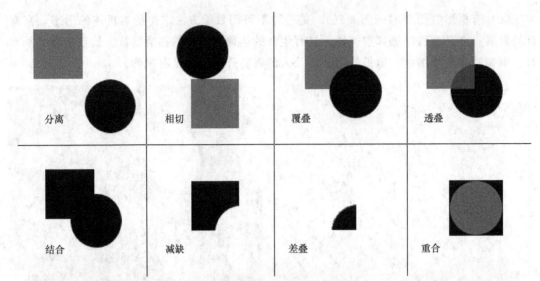

分离   相切   覆叠   透叠

结合   减缺   差叠   重合

图 3-37   面与面之间的关系概括

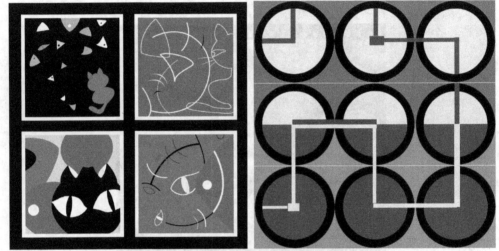

图 3-38   点、线、面的抽象画设计训练

图 3-39   点、线、面的实体商铺门面设计

（2）相切　指面与面的轮廓线相切，并由此而形成新的形状，使平面空间中的形象变得丰富而复杂。

（3）覆叠　一个面覆盖在另一个面之上，从而在空间中形成了面之间的前后或上下的层次感。

（4）透叠　面与面相互交错重叠，重叠的形状具有透明性，透过上面的形可视下一层被覆盖的部分，面之间的重叠处出现了新的形状，从而使形象变得丰富多变，富有秩序感，是构成中很好的形象处理方式。

（5）结合　指面与面相互交错重叠，在同一平面层次上，使面与面相互结合，组成面积较大的新形象，它会使空间中的形象变得整体而含糊。

（6）减缺　一个面的一部分被另一个面所覆盖，两形相减，保留了覆盖在上面的形状，又出现了被覆后的另一个形象留下的剩余形象，一个意料之外的新形象。

（7）差叠　面与面相互交叠，交叠而发生的新形象被强调出来，在平面空间中可呈现产生的新形象，也可让三个形象并存。

（8）重合　相同的两个面，一个覆盖在另一个之上，形成合二为一的完全重合的形象，其造成的形象特殊表现，使其在形象构成上已不具有意义。

3.1.3.3　二维图案在三维空间界面中的应用

形与色的组合即为图案，它对于环境的协调与变化有着直接影响（图 3-40～图 3-43）。

图 3-40　水平方向条纹墙　　　　　　　　　图 3-41　垂直方向条纹墙面

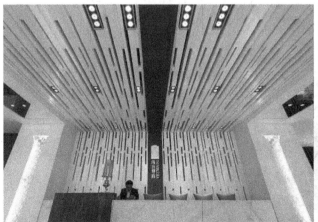 

图 3-42　浑然一体的顶与墙　　　　　　　　图 3-43　过道拼花图案

（1）图案的作用

① 图案可以利用人们的视觉来改善界面或配套设施的比例。带有水平方向的图案在视觉上使墙面显宽（图3-40），带有竖直方向的图案在视觉上使墙面增高（图3-41）。

② 图案可以赋予空间静感或动感。纵横交错的直线组成的网格图案，会使空间具有稳定感；斜线、折线、波浪线和其他方向性较强的图案，则会使空间富有运动感。

③ 图案还能使空间环境丰富多彩和具有某种气氛和情趣。例如装饰墙采用带有透视性线条的图案，与顶棚和地面连接，给人浑然一体的感觉（图3-42）。

（2）图案的选择

① 在选择图案时，应充分考虑空间的大小、形状、用途和性格，动感强的图案，最好用在入口、走道、楼梯和其他气氛轻松的公共空间，而不宜用于卧室、客厅或者其他气氛闲适的房间（图3-43）；儿童用房的图案还应该富有更多的趣味性，图案活泼，色彩鲜艳；而成人用房的图案则应色彩淡雅，图案稳定和谐，慎用纯度过高的色彩。

② 同一空间在选择图案时，宜少不宜多，通常不超过两个图案。如果选用三个或三个以上的图案，则应强调突出其中一个主要图案，减弱其余图案，否则会造成视觉上的混乱。

3.1.4 体

图3-46为某一家居室内空间平面图，起居室、厨房、卫生间、卧室为彼此独立而流畅的功能空间可以被理解为"虚体"，而右图的家具可以被理解为实体。

体是具有相对长、宽、高度的"三次元空间"（图3-44～图3-48）。在设计中，各种体的组合，如室内空间的虚体和各种家具、陈设、隔断、顶棚、墙面造型、绿化等实体，运用其语言符号，构成整个空间形象及气氛，共同创造出良好的视觉效果和完善的空间环境。体有虚、实之分，活动空间为虚体，家具、陈设为实体；虚体强调整体性，实体起造型、组合作用。虚体具有穿透性，而实体强调它的不能穿透性，如实墙与玻璃隔断，前者为实，后者为虚。

图3-44 几何面构成的空间体块

图 3-45　毕尔巴鄂古根海姆美术馆

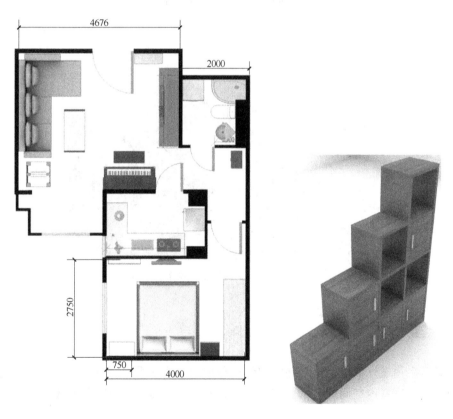

图 3-46　某一家居室内空间平面图

　　图 3-47 所示的新建筑项目占地 $2 \times 10^5 \mathrm{m}^2$，位于阿尔巴尼亚（Albanian）首都地拉那（Tirana）的中心区。它的外部结构貌似多米诺骨牌倒塌，充分展示了设计者的创意。整个建筑群包含公寓、商业中心和写字楼。

图 3-47　位于阿尔巴尼亚首都的新建筑项目

图 3-48　上海世博会德国馆

3.2　室内色彩

色彩是室内设计的重要视觉要素和组成部分。室内色彩具有美学和功能的双重目标，一方面可以表现室内空间的艺术美感，另一方面可以提高室内空间环境效能。

3.2.1　色彩三属性

3.2.1.1　色相

色相（图3-49～图3-52）指明了一种颜色在色谱中的位置。因此说色相只是纯粹表示色彩相貌的差异。

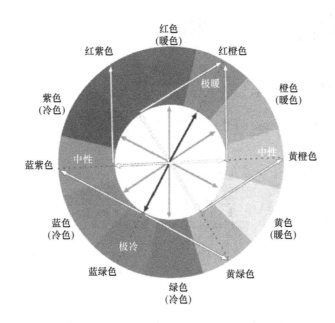

图 3-49　十二色色环（参见彩图）

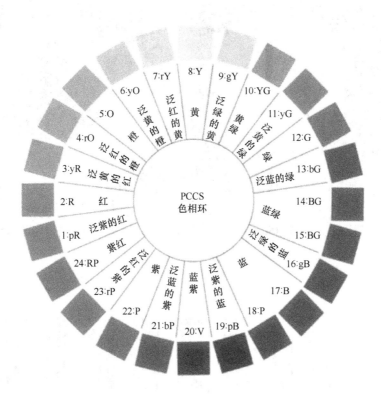

图 3-50　二十四色色环（参见彩图）

3.2.1.2　明度

明度（图 3-53，图 3-54）是指色彩的明亮程度，不同的色彩反映的光强弱不一，不改变色相只改变色彩明度的调和色是黑色和白色。

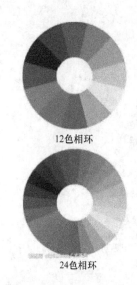

12色相环

24色相环

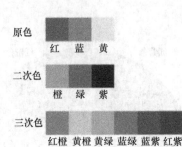

原色

红　蓝　黄

二次色

橙　绿　紫

三次色

红橙　黄橙　黄绿　蓝绿　蓝紫　红紫

说明:
色相环是由原色、二次色和三次色组合而成。
色相环中的三原色是红、黄、蓝,在环中形成一个等边三角形。
二次色是橙、紫、绿,处在三原色之间,形成另一个等边三角形。
红橙、黄橙、黄绿、蓝绿、蓝紫和红紫六色为三次色,
三次色是由原色和二次色混合而成。

图 3-51　色相分类 (参见彩图)

图 3-52　色光的组合

明度色标

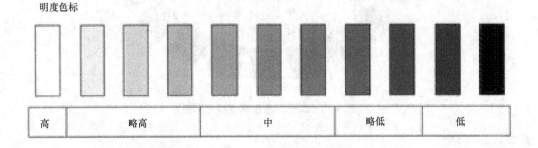

| 高 | 略高 | 中 | 略低 | 低 |

图 3-53　明度渐变

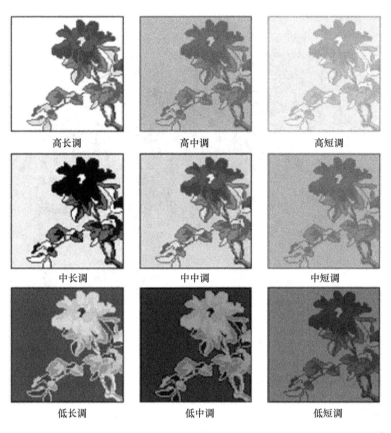

<table>
</table>

高长调　　　　　高中调　　　　　高短调

中长调　　　　　中中调　　　　　中短调

低长调　　　　　低中调　　　　　低短调

图 3-54　明度的九个调

3.2.1.3　纯度

纯度（图 3-55，图 3-56）是指色彩的纯净程度，即色的饱和度。没有纯度的颜色就接近灰色。

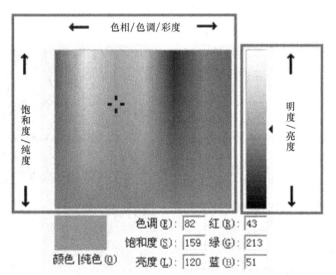

图 3-55　色彩各种属性的调整（参见彩图）

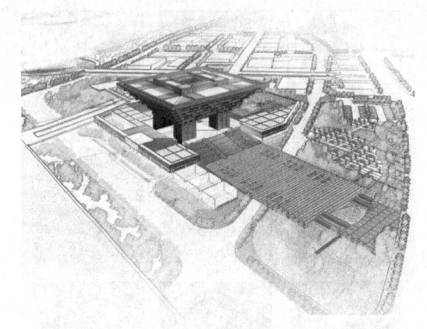

图 3-56　艳灰色彩搭配设计

3.2.2　室内色彩的物理感觉

3.2.2.1　温度感

　　色彩的温度感与人类长期的感觉经验是一致的，如红色和黄色，让人好像看到太阳和火，有热的感觉，而青色和绿色，让人联想到湖水、田野、森林，感觉凉爽清新。但是色彩的冷暖既有绝对性，也有相对性，在色环中，愈靠近橙色，色温愈高；愈靠近青色，色温愈低。

3.2.2.2　距离感

　　色彩可以使人感觉进退、凹凸、远近的不同，一般暖色系和明度高的色彩具有前进、凸出、接近的效果，而冷色系和明度较低的色彩则具有后退、凹进、远离的效果。室内设计中常利用色彩的这些特点去改变空间的大小和高低。

3.2.2.3　重量感

　　色彩的重量感主要取决于明度和纯度，明度和纯度高的显得轻，如浅黄色、粉红色。在室内设计的色彩构图中常以此达到平衡和稳定的需要，以及表现性格的需要如端庄或可爱等（图3-57）。

3.2.2.4　尺度感

　　色彩对物体大小的作用，包括色相和明度两个因素。暖色和明度高的色彩具有扩散

图 3-57　保险柜

96

作用，因此物体显得大，而冷色和暗色则具有内聚作用，因此物体显得小。室内不同家具、物体的大小和整个室内空间的色彩处理有着密切的关系，可以利用色彩来改变物体的尺度、体积和空间感，使室内各部分之间关系更为协调。

 知识链接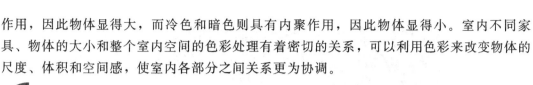

　　从出现保险柜的那一天开始，就多用黑色。不管是公司中的大型保险柜，还是影视剧中出现的巨型保险柜，大多是黑色的。人们常见的财会人员保管的保险柜也是深深的墨绿色。这是为什么呢？为了防止被盗，保险柜都设计为无法轻易破坏的构造，还必须尽可能地加大它的重量，使之无法轻易搬动。然而，为保险柜增加物理重量是有极限的，于是便给它涂上了让人心理上感觉沉重的深色，使人产生无法搬动的感觉。白色和黑色在心理上可以产生接近两倍的重量差，因而使用黑色可以大大增加保险柜的心理重量，从而有效防止被盗的发生。

3.2.3　典型色彩的含义与象征性

　　色彩是富有感情且充满变化的。伦敦附近泰晤士河上的黑桥，跳水自杀者比其他桥多，改为绿色后自杀者就少了。这些观察和实验虽然还不能充分说明不同色彩对人产生的各种各样的作用，但至少已能充分证明色彩刺激对人的身心所起的重要影响。

　　人们对不同的色彩表现出不同的好恶，这种心理反应常常是因人们生活经验、利害关系以及由色彩引起的联想造成的，此外这也和人的年龄、性格、素养、民族和习惯分不开。

3.2.3.1　红色

　　红色是电磁波的可视光部分中的长波长部分，类似于血液的颜色，是心理原色之一。比红色的波长还长的是人眼无法看到的红外线、雷达波、电磁波。

　　红色使人联想到太阳，万物生命之源，从而感到崇敬、伟大，也可能联想到血，感到不安、野蛮等（图 3-58）。红色系列给人温馨、浪漫、甜蜜的感觉，使室内显得春光无限，且具有中国民族特色，特别适合于喜庆类型的室内色彩设计，如婚房、中式餐厅、接待室等。

　　人们对色彩的这种由经验感到主观联想，再上升到理智的判断，既有普遍性，也有特殊性。

3.2.3.2　绿色

　　绿色使人联想到植物发芽生长，感觉到春天的来临，于是代表青春、活力、希望、发展、和平等（图 3-59）。绿色系列给人清新、自然的感觉，郊野的气息扑面而来。适合于一些家居、田园风格的设计。绿色有准许行动之意，因为交通信号中绿色代表可行。在中国的五行学说中，绿色是木的一种象征。

3.2.3.3　黑白色

　　黑色深邃、神秘、暗藏力量。它将光线全部吸收没有任何反射。黑白两色是极端对立的色，然而有时候又令人们感到它们之间有着令人难以言状的共性（图 3-60）。白色与黑

图 3-58　红色墙壁构成的走廊（参见彩图）

色都可以表达对死亡的恐惧和悲哀，都具有不可超越的虚幻和无限的精神，黑白又总是以对方的存在显示自身的力量。它们似乎是整个色彩世界的主宰。黑色让人联想到黑夜、丧事中的黑纱，从而感到神秘、悲哀、不祥、绝望等。

图 3-59　绿色在卧室中的运用（参见彩图）

图 3-60　白色基调的卧室

3.2.3.4　黄色

　　黄色使人联想到阳光普照大地，感到明朗、活跃、兴奋（图 3-61）。具有"阳光味"的黄色调会给人的心灵带来暖意，向北或向东开窗的房间可尝试运用。具有明朗、华贵的性格特征，营造出开朗愉悦的室内环境，较多地运用到居室、餐饮等空间。

3.2.3.5　蓝色

　　蓝色有稳定情绪的作用，非常适合富有理智感的人选择。但大面积的蓝色运用，反而会使房间显得狭小而黑暗，穿插一些纯净的白色，会让这种感觉有所缓和（图 3-62，图 3-63）。具有宁静、凉爽的感觉，令人领略到碧海蓝天的风格。蓝色与白色搭配的系列令人联想到希腊爱琴海的异国情调。

图 3-62　蓝色与白色的组合

图 3-63　大面积的白与点睛的蓝

3.2.3.6　橙色

橙色是电磁波的可视光部分中的长波长部分，波长为 $590\sim610nm$（$1nm=1\times10^{-9}$ m）。是介于红色和黄色之间的混合色。

橙色时时散发着水果的甜润，适合搭配柔软的家饰来强调这种自然的温馨。为使房间不过于轻浮，可以选择黑色的铁艺沙发、角柜，甚至门板与画框，在甜蜜的气氛中彰显成熟的个性。

3.2.3.7　紫色

紫色高雅、淡泊，充分显露出独特的品味（图 3-64）。紫色包括蓝紫色和红紫色。在

图 3-64　淡紫色卧室空间（参见彩图）

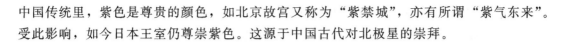

中国传统里，紫色是尊贵的颜色，如北京故宫又称为"紫禁城"，亦有所谓"紫气东来"。受此影响，如今日本王室仍尊崇紫色。这源于中国古代对北极星的崇拜。

3.2.4　室内色彩搭配的参考因素

3.2.4.1　空间的使用目的

不同的空间有不同的使用目的，例如卧室需要安静、亲切、温馨的氛围，歌舞厅需要热烈、奔放、欢快的空间效果。

3.2.4.2　空间的大小、形式

色彩可以按不同空间大小、形式来进一步强调或削弱。一般小型化结构的住宅以单色为宜，采用较明亮的色彩，如浅黄、奶黄，以增加住宅的开阔感。

3.2.4.3　空间的方位

不同方位在自然光线作用下的色彩是不同的，冷暖感也有差别，因此可利用色彩来进行调整。

3.2.4.4　空间使用者的类别

老人、小孩、男人、女人等不同的使用者对空间色彩的要求有很大的差别，色彩的搭配应该满足居住者的爱好。

3.2.4.5　使用者在空间内的活动及使用时间的长短

学习的教室、工业生产的车间、住院部的病房，这些不同的活动与工作内容，要求不同的视线设计与之匹配，才能提高效率、安全和达到舒适的目的。长时间使用的房间的色彩对视觉的作用，应与短时间使用的房间有所差异。对长时间活动的空间，主要考虑的是设计尽量不产生视觉上的疲劳感。

3.2.4.6　空间所处的周围环境

色彩和环境有密切的联系，尤其在室内，色彩的反射可以影响其他颜色。同时，不同的环境，通过室外的自然景物也能反射到室内来，因此色彩还应该与周围的环境协调。如果住宅周围建筑物有红砖墙或红色涂料墙的光线反射，住宅色彩就不宜用绿或蓝色，而宜用奶黄色。如果窗外有大片树木、绿地的绿色光线反射，墙面也宜用浅黄或米黄色。

3.2.4.7　使用者对色彩的偏爱

一般说来，在复合原则的前提下，应该合理地满足不同使用者的爱好和个性，符合使用者心理要求。

3.2.4.8　使用者的职业特征

不同颜色进入人的眼帘，刺激大脑皮层，使人产生冷、热、深、浅、明、暗的感觉，产生安静、兴奋、紧张、轻松的情绪效应。利用这种情绪效应调节"兴奋灶"，可以减少或消除职业性疲劳。例如从事的是高温炉火工或露天烈日暴晒的作业，住宅色彩最好选择绿色或蓝色，使使用者的视神经从"热"感觉过渡到"冷"视野。假如使用者是在五彩灯闪烁的歌舞厅或商品琳琅满目的百货商场工作，那么使用者的居室以中性白色为宜，能使使用者兴奋的心态很快"冷凝"。

3.2.5　室内色彩搭配的基本方法

孤立的色彩无所谓美不美，只有不恰当的配色。色彩效果取决于不同色彩之间的关系，

同一颜色在不同的背景下，其色彩效果可以迥然不同，这是色彩特有的敏感性和依存性。

　　色彩的协调与变化是对立统一的关系，从某种意义上讲，不同的色彩之间的对比是绝对的，协调是相对的。在色环上相应的色彩容易取得统一和谐的效果，相反则产生对比。但是，色彩的近似协调和对比协调在室内色彩设计中都是需要的，近似协调固然能给人以统一和谐的平静感觉，但对比协调在色彩之间的对立、冲突所构成的和谐关系却更能动人心魄，关键在于正确处理和运用色彩的统一与变化的规律。

　　室内色彩应有主调或者说是基调。对于规模较大的建筑，主调更应该贯穿整个建筑空间，在此基础上再考虑局部的、不同部位的适当变化。主调的选择是一个决定性的步骤，因此必须和要求反应空间的主题十分贴切。当然，用色彩语言来表达不是很容易的，要在许多色彩方案中，认真仔细地去鉴别和挑选。

3.2.5.1　单色调

　　单色调是以一个色相作为整个房间色彩的主调（图 3-65）。可以取得和谐、统一的效果。为室内陈设提供了良好的背景。但是由于色彩单一，要特别注意明度及纯度的变化，加强对比，并通过材料的不同质地加以变化，丰富室内。也可以适当加入黑、白色作为调节。

图 3-65　紫色调（参见彩图）

3.2.5.2　相似色调

　　相似色调是最常用的一种色彩方案，是目前较大众化和受人们喜爱的一种色调。一般是运用色相环上接近的颜色进行配色，容易取得和谐统一的视觉效果。

3.2.5.3　互补色调

　　互补色调是运用色环上相互对应的色彩，对比效果显著，使室内生动鲜亮，可以提高人们的注意力。但时间长了易引起视觉疲劳，一般可以通过面积大小的对比、降低色彩的纯度等加以调节。

3.2.5.4　多重互补色调

多重互补色调指有三个或两组以上对比色同时运用，由于参与对比的色彩较多，使室内的色彩进一步得到丰富。对大面积的房间来说是一个很好的选择。对于歌舞厅等喧闹的场所多重互补色调也是一个不错的选择。在实践中，运用不好很容易产生混乱的色彩效果，尤其是对较小的房间，使用时应慎重。

3.2.5.5　无彩色调

由黑、白、灰色组成的无彩色调，是一种很高级和吸引人的色调（图 3-66）。在设计中，粉白色、米色、灰白色及高明度的色彩，均可认为是无彩色，当然也可以在其中加入小面积的有彩色来点缀。

图 3-66　黑白公共卫生间

图 3-67　北京香山饭店大厅

无彩色调在室内设计中运用的典范当属贝聿铭先生设计的北京香山饭店（图3-67）。为了表达江南民居的朴素、雅静的意境和优美的环境相协调，在色彩上采用了接近无彩色的色调为主题，不论墙面、顶棚、地面、家具、陈设都贯彻了这个色彩主调，从而给人统一的、有强烈感染力的印象。主调一经确定为无彩色系，设计者就不再迷恋于市场上五彩缤纷的各种织物等用品，而是大胆地将黑、白、灰色这些色彩用到平常不常用的色调物件上。

3.2.5.6　分裂补色

如果同时用补色及类比色的方法来确定颜色关系，就称为分裂补色。这种颜色搭配既具有类比色的低对比度的美感，又具有补色的力量感。形成了一种既和谐又有重点的颜色关系。

3.3　材质

材质即材料的质地，它不仅包含材料的物理属性，如材料的硬度、密度等，同时又包含材料的视觉形式美，即材料表面的肌理纹样。任何一种装饰材料都以其质地、纹理显示自身的美感特征。材料质感的表现介绍如下。

3.3.1　光滑和粗糙

表面粗糙的室内装饰材料有未抛光的石材、原木、砖、磨砂玻璃等；光滑的材料有镜面玻璃、釉面砖、丝绸、抛光的材料等。

注意：同样是粗糙的材料或光滑的材料，由于其质地不同，其视觉和触觉效果也不相同。例如光滑的地板砖和光滑的织物，一重一轻、一硬一软，后者有更好的触感。

3.3.2　软与硬

许多纤维织物都有柔软的触感，用于室内可以增加亲切温馨的感觉；而砖石、金属、玻璃等硬质材料，有时显得"冷冰冰"的，但是这些材料有很好的反光效果，并且比较好做卫生，能够让室内空间显得整洁有序，充满高效率的现代感觉（图3-68）。

图3-68　烤漆面板产生的光滑感觉让卫生的打扫变得简便

仿皮质的防水瓷砖、柔软皮质的墙饰，满足了人们需要从视觉、触觉等多种维度感知一个空间的温暖和放松。柔软家居把墙面布艺再次带回主流装饰材料的舞台。纯棉缝制的布艺材料赋予墙面优良的呼吸性能。丰富的色彩和亲切的质感彻底颠覆了墙面的冷硬面孔（图3-69～图3-71）。

图 3-69 墙面软包和大理石

图 3-70 布艺墙面、沙发、靠枕

图 3-71 大理石墙面产生的硬朗的室内空间感觉

图3-69中柔软的皮革和坚硬的大理石貌似两种极端，当把它们巧妙地搭配在一起时会产生事半功倍的效果。闪亮的镜面打破了色彩上的沉闷，一面小小的墙却给空间一个华丽的气氛，和白色的三角钢琴相得益彰。

3.3.3 冷与暖

质感的冷暖表现在人的心理和身体的触觉上。在设计中要注意的是冷暖可以分为色彩的冷暖和材质的冷暖两个方面。例如红色的大理石在触觉上是冷的，但在视觉上则是暖色；蓝色的布艺窗帘在视觉上是冷色系，但是在触觉上则是温暖的（图3-72）。

3.3.4 光泽与透明度

抛光的金属和石材、玻璃、面砖等具有很好的光泽，其镜面反射的效果很好，可以增加工业化的现代气息，同时提高室内亮度（图3-73）。

透明度常见的有各种玻璃（图3-74），能够让室内产生一种空间的开阔效应，能够让对空间的分隔性要求不高的场所产生连续、流动的空间视觉效果。

图 3-72　冷色系搭配（参见彩图）

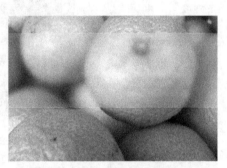

图 3-73　透明与半透明的效果对比

(a) 磨砂玻璃

(b) 产生的光斑效果

图 3-74　半透明的橱柜门

3.3.5 弹性

材料的弹性是影响舒适度的一个因素，因弹性的反作用，达到力的平衡，从而让使用者感到省力而达到休息的目的，这个特性是单纯的软、硬材料都无法达到的效果。

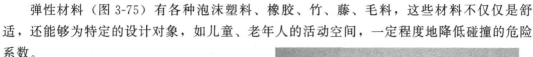

弹性材料（图 3-75）有各种泡沫塑料、橡胶、竹、藤、毛料，这些材料不仅仅是舒适，还能够为特定的设计对象，如儿童、老年人的活动空间，一定程度地降低碰撞的危险系数。

3.3.6 肌理

肌理或纹理是材料特有的一种视觉现象（图 3-76，图 3-77）。有规律的纹理会产生连续、重复、有节奏的韵律感。例如某些大理石的纹理，其有规律而富有变化的线条是人工无法达到的天然的图案效果，有很高的艺术欣赏价值。有些材料可以通过人工编织，如竹、藤、毛线等，形成美丽的图案，产生新的肌理效果，运用这种天然的或是人

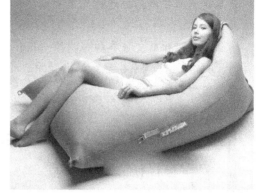

图 3-75　弹性材料

工加工的肌理能够增加室内空间的细节精致的观赏价值和让视觉因为其特有的规律性而得到放松和美的享受。图 3-77 用保温、隔热同时透气的性能更好的真皮做墙面材料，牛皮打磨后的自然纹理和色彩酷似复古的"裸砖"。

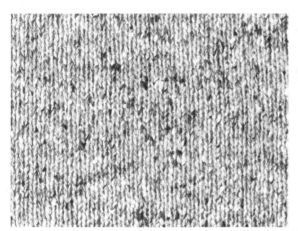

图 3-76　人工编制产生的肌理

图 3-77　真皮仿砖室内墙面

知识链接

美国著名的现代主义建筑大师密斯·凡德罗（Ludwig Mies van der Rohe）在巴塞罗那德国馆（1929 年）（图 3-78）的案例中，各种石材、金属、玻璃等材料质地的组合，全面地体现了"少就是多"的现代设计理念。

美国现代主义建筑大师赖特（Frank Lloyd Wright）设计的"流水别墅"（1936 年）中大量采用山林中的毛石、溪涧的卵石，使别墅的风格与自然环境巧妙融合，完美地呈现了这座休闲度假建筑的功能特征。

瑞士建筑师彼得·卒姆托（Peter Zumthor）在其代表作品瑞士沃尔斯镇的温泉浴场（1996 年）中使用了石造层板技术。

日本建筑师安藤忠雄通过反复尝试、执着地使用清水泥这一材料，最终形成了自己独特的设计风格。

瑞士的建筑师赫尔佐格和德梅隆（Herzog & De Meuron）在位于瑞士巴塞尔的作品奥夫丹姆沃夫信号楼（1995 年）的设计中，用铜条包裹建筑，大胆运用特殊金属材料来表现建筑与室内的物理特性。

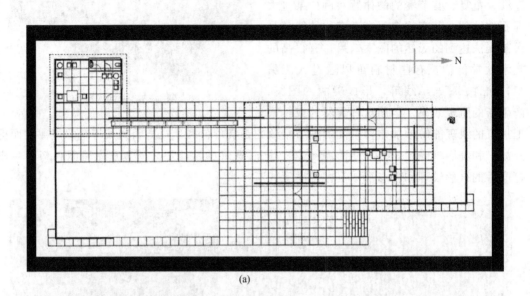

(a)

(b)

(c)

(d)

(e)

图 3-78　巴塞罗那德国馆

（1）材料与空间性格相吻合　装饰材料的不同性格对室内空间的气氛影响很大，所以室内界面材料的选用应该能够体现空间的性格，使两者和谐统一。例如娱乐空间宜采用明亮、华丽、光滑的玻璃和金属等材料，可以给人以豪华、优雅的感觉，而休闲空间适合选用织物、竹、木等材料组合，可以给人舒适、自然的感觉。

（2）设计中要充分展示材料自身的内在美　天然材料具备许多人工无法模仿的美的要素，如图案、色彩、纹理等。例如石材中的花岗岩、大理石，木材中的水曲柳、柚木、红木等，都具有天然的纹理和色彩。因此，在材料的选用上，并不意味着高档、高价便能出现好的效果；相反，只要能使材料各尽其用，即使花较少的费用，也可以获得较好的效果。

（3）要注意材料质感与距离、面积、形状的关系　同种材料，当距离远近、面积大小不同时，它给人们的感觉往往是不同的。例如镜面的金属材料，适合用于面积较小的地方，尤其在作为镶边材料时，显得光彩夺目，大面积使用则容易给人凹凸不平的感觉；毛石墙面近观很粗糙，远看则显得较平滑。因此，在设计中应充分把握这些特点，并在大小尺度不同的空间中巧妙地运用。

（4）与使用要求相统一　对不同使用要求的空间，必须采用与之相适应的材料。例如影剧院、音乐厅、办公室等不同功能空间，应根据隔声、吸声、防潮、防火、防尘、光照等方面不同的要求，选用不同性能的材料。

（5）材料的经济性　选用材料必须考虑其经济性，要以最低的成本取得最佳的装饰效果。即使装饰高档空间，也要搭配好不同档次的材料，若全部采用高档材料，反而给人以浮华、艳俗之感。

本 章 小 结

本章主要讲述建筑装饰设计的三大要素——造型、色彩、材质。把设计中关于造型、色彩和材质的元素从系统的设计中抽离出来单独论述，并且进行详细深入的归纳和分析，让设计元素变成一种熟悉的设计手段运用到设计中去。

习　题

1. 直线有哪些分类，各有什么特征？
2. 曲线有哪些分类，各有什么特征？
3. 几何形有哪些分类，各有什么特征？
4. 色彩有哪些物理属性，请分别举例说明。

建筑装饰设计与人体工程学

4.1 人体工程学概述

【引例1】

图 4-1 所示是同一厨房空间不同的布局,两位家庭主妇在使用过程中将会有什么样的感受?

图 4-1 厨房橱柜的不同设计

在厨房,吊柜和操作台之间的距离应该是 600mm。吊柜应该装在 1450～1500mm 的地方,这个高度人们不用踮起脚尖就能打开吊柜的门。这就是人体工程学在室内设计中所起到的不可缺少的作用,本章将从人体工程学的角度来研究建筑装饰设计。

【观察思考】

从使用的舒适性角度出发,仔细观察你生活中哪些产品的设计符合了人体工程学的要求,并比较它们之间的不同。

4.1.1 人体工程学含义

人体工程学(human engineering 或 ergonomics)又称人机工程学、人类工程学、人类工效学、人体工学、人间工学等，它是研究"人-机（物）-环境"系统中三个要素之间的关系，使其符合于人体的生理、心理及解剖学特性，从而改善工作与休闲环境，提高人的作业效能和舒适性，有利于人的身心健康和安全的一门边缘学科。

在人、机、环境三个要素中，"人"是指作业者或使用者，人的心理特征、生理特征以及人适应机器和环境的能力都是人体工程学重要的研究课题。"机"是指机器，较一般技术术语的意义要广得多，包括人操作和使用的一切产品和工程系统。怎样才能设计出满足人的要求、符合人的特点的产品，是人体工程学探讨的重要问题。"环境"是指人们工作和生活的环境，噪声、照明、温度等环境因素对人的工作和生活的影响是人体工程学研究的主要对象。

知识链接
人体工程学在生活中的应用

（1）不锈钢刀具设计中人体工程学应用分析（图4-2～图4-7）

图4-2　刀把的凹凸造型与人手握时的手指宽度和用力方向十分合适

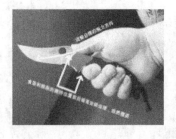

图4-3　拇指和食指紧握刀时，手势的自然形态与刀把的造型完美相配，使用省力、舒适

图4-4　当需要削切操控时，手前移，刀片背部凹处与食指用力位置非常吻合，并有护手的功能

图4-5　反向使用时，以拇指推压刀片与刀柄相交处的背凹位置，非常便于切割施力

图4-6　后握刀时，拇指压住刀柄尾部可施力，其他手指紧握刀柄，手感舒适，小拇指指腹与刀柄凸出处轻松接触，得到恰当的保护

图4-7　闭合后的刀具，形态优美，视觉感受好

（2）鼠标设计中人体工程学的应用分析（图 4-8～图 4-13）

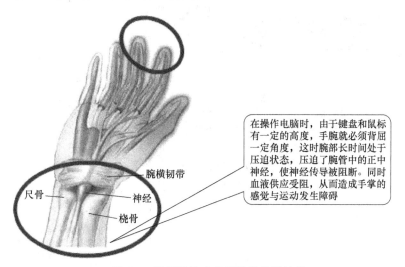

在操作电脑时，由于键盘和鼠标有一定的高度，手腕就必须背屈一定角度，这时腕部长时间处于压迫状态，压迫了腕管中的正中神经，使神经传导被阻断。同时血液供应受阻，从而造成手掌的感觉与运动发生障碍

腕横韧带

尺骨

神经

桡骨

图 4-8　鼠标设计考察手腕的劳损结构

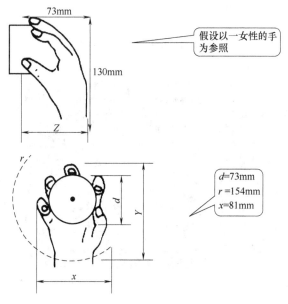

73mm

130mm

Z

假设以一女性的手为参照

d=73mm
r=154mm
x=81mm

图 4-9　鼠标设计的运动尺度

图 4-10　新型鼠标设计

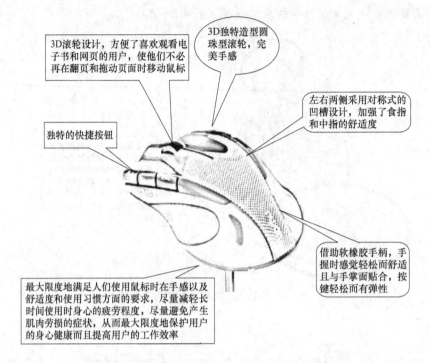

3D滚轮设计，方便了喜欢观看电子书和网页的用户，使他们不必再在翻页和拖动页面时移动鼠标

3D独特造型圆珠型滚轮，完美手感

左右两侧采用对称式的凹槽设计，加强了食指和中指的舒适度

独特的快捷按钮

借助软橡胶手柄，手握时感觉轻松而舒适且与手掌面贴合，按键轻松而有弹性

最大限度地满足人们使用鼠标时在手感以及舒适度和使用习惯方面的要求，尽量减轻长时间使用时身心的疲劳程度，尽量避免产生肌肉劳损的症状，从而最大限度地保护用户的身心健康而且提高用户的工作效率

图 4-11　鼠标设计细节说明

图 4-12　鼠标设计实体

图 4-13　功能丰富的鼠标设计

　　鼠标的人体工程学目的就是最大限度地满足人们使用鼠标时在手感以及舒适度和使用习惯方面的要求，尽量减轻长时间使用时身心的疲劳程度，尽量避免产生肌肉劳损的症状。

　　（3）淋浴器的设计

　　图 4-14 所示是根据人体生理尺寸和行为动态设计的淋浴器。

4.1.2　室内人体工程学

　　人体工程学联系到室内设计，其含义为：以人为主体，运用人体计测、生理计测、心理计测等手段和方法，研究人体结构功能、心理、力学等方面与室内环境之间的合理协调关系，以适合人的身心活动要求，取得最佳的使用效能。除此之外，人体自身的空间构成

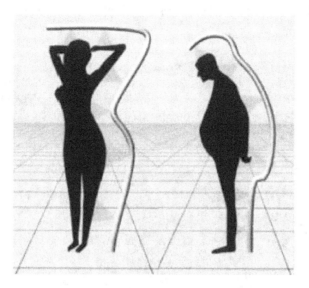

图 4-14   根据人体生理尺寸和行为动态设计的淋浴器

的相关问题的重要性也显现出来，人体空间的构成主要包括以下三个方面。

4.1.2.1   体积

体积就是人体活动的三维范围，对于这个范围，每个国家、民族以至每个人之间的人体尺度测量标准不尽相同，因此决定了三维空间量的差异。所以人体工程学所采用的数值都是平均值，此外还有偏差值，以供设计人员参考使用。

4.1.2.2   位置

位置是指人体在室内的"静点"。个体与群体在不同空间的活动中，总会趋向一个相对的空间"静点"，以此来表示人与人之间的空间位置和心理距离等，它主要取决于视觉定位。同样它也根据人的生活、工作和活动所要求的不同环境空间，而表现在设计中将是一个弹性的指数。

4.1.2.3   方向

方向是指人的"动向"，这种"动向"受生理、心理以及空间环境的制约。这种"动向"体现人对室内空间使用功能的规划和需求。例如人在黑暗中具有趋光性的表现，而在休息时则有背光的行为趋势。

4.1.3   人体工程学在室内设计中的应用

4.1.3.1   室内光环境设计

（1）光的基本概念   在人们所获得的信息中有 80% 来自光引起的视觉，人们可以通过调整和改造照明来补充自然光的时间和空间缺陷。室内照明是根据不同使用功能的空间所需要的照度，所需要创造的室内空间气氛，在尽可能节约用电的前提下，正确选用光源品种和灯具，确定合理的照明方式和布置方案，创造出良好的室内光环境。

（2）自然光（图 4-15，图 4-17）   又称"天然光"。不直接显示偏振现象的光。天然光源和一般人造光源直接发出的光都是自然光。它包括了垂直于光波传播方向的所有可能的振动方向，所以不显示出偏振性。从普通光源直接发出的天然光是无数偏振光的无规则集合，所以直接观察时不能发现光强偏于哪一个方向。这种沿着各个方向振动的光波强度都相同的光叫做自然光。

图 4-15　顶棚为玻璃的自然采光空间

　　室外自然光的亮度高，能使室内光照明亮；室外自然光的亮度低，能使室内光线阴暗。在室外如果有高大的建筑物或植物等遮挡了门窗，射入室内的光线就少，室内的光线暗，反之则亮。进光门窗大、多，射入室内的自然光就多，室内明亮，反之，则显得阴暗。

　　（3）人造光（图 4-16，图 4-18）　人造光也就是人造的光源发出的光，它不仅是夜间主要的照明手段，同时也是白天室内光线不足时的重要补充。人工照明环境具有功能和装饰两方面的作用。从功能上讲，建筑物内部的自然采光会受到时间和场合的限制，所以需要通过人工照明补充，在室内造成一个人为的光亮环境，满足人们视觉工作的需要；从装饰角度讲，还要满足美观和艺术上的要求。

图 4-16　霓虹灯营造的酒吧风格居住环境（参见彩图）

照明设计的表现形式是多种多样的，在很多情况下，它是灯、光、形、影等介质的综合，是不同空间由单体到整体的综合。

图 4-17　自然光线

图 4-18　人工照明

知识链接

极夜又称永夜，指在地球的两极地区，一日之内太阳都在地平线以下的现象，即夜长为 24 小时。北极和南极都有极昼和极夜之分，一年内大致连续六个月是极昼，六个月是极夜。在一个月的极夜时期里，有 15 天可见月亮（圆、缺），另外 15 天见不到月亮。

4.1.3.2　照明灯具的发展

灯具（图 4-19～图 4-24）是由照明光源和灯罩及其附件所组成的。灯具的类型可分为功能性灯具和装饰性灯具两大类。此外，还有特殊用途的灯具。功能性灯具主要是供工作和学习照明之用，即为室内空间提供照度的灯具。装饰性灯具是为增加室内气氛、创造室内意境、强化视觉中心而设置的灯具。特殊用途的灯具包括应急灯、提示照明标志等。

图 4-19　白炽灯

图 4-20　高压钠灯

图 4-21 荧光灯

图 4-22 卤钨灯

人类对电光源的研究始于 18 世纪末。19 世纪初，英国的 H. 戴维发明了碳弧灯。1879 年，美国的 T.A. 爱迪生发明了具有实用价值的碳丝白炽灯，使人类从漫长的火光照明进入电气照明时代。1907 年采用拉制的钨丝作为白炽体。1912 年，美国的 I. 朗缪尔等人对充气白炽灯进行研究，提高了白炽灯的发光效率并延长了寿命，扩大了白炽灯的应用范围。20 世纪 30 年代初，低压钠灯研制成功。1938 年，欧洲和美国研制出荧光灯，发光效率和寿命均为白炽灯的 3 倍以上，这是电光源技术的一大突破。20 世纪 40 年代高压汞灯进入实用阶段。20 世纪 50 年代末，体积和光衰极小的卤钨灯问世，改变了热辐射光源技术进展滞缓的状态，这是电光源技术的又一重大突破。60 年代开发了金属卤化物灯和高压钠灯，其发光效率远高于高压汞灯。80 年代出现了细管径紧凑型节能荧光灯、小功率高压钠灯和小功率金属卤化物灯，使电光源进入了小型化、节能化和电子化的新时期。节能灯的正式名称是稀土三基色紧凑型荧光灯，20 世纪 70 年代诞生于荷兰的飞利浦公司，被我国纳入了 863 推广计划。

LED 灯比传统照明方式节省 80% 以上的能源，并且具备发热量低、使用寿命更长的优点。因为是芯片发光，所以 LED 能够达到接近于无限的变色效果。

图 4-23 节能灯

图 4-24 变色 LED 灯（LED 点光屏）

知识链接

节能灯又称为省电灯泡、电子灯泡、紧凑型荧光灯及一体式荧光灯，是指将荧光灯与镇流器（安定器）组合成一个整体的照明设备。节能灯的光源在达到同样光能输出的前提下，只需耗费普通白炽灯用电量的 1/5～1/4，从而可以节约大量的照明电能和费用，因此被称为节能灯。

4.1.3.3　照明设计的基本方法

（1）直接照明（图 4-25～图 4-27）　光线通过灯具射出，其中 90％～100％的光通量到达假定的工作面上，这种照明方式为直接照明。这种照明方式具有强烈的明暗对比，并能造成有趣生动的光影效果，可突出工作面在整个环境中的主导地位。但是由于其亮度较高，应防止眩光的产生，如工厂、普通办公室、教室等。

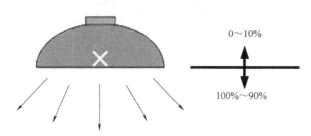

图 4-25　直接照明是最常见的照明方式，其缺点是容易
产生眩光及配光均匀度差，常见的灯具如射灯

图 4-26　灯光与竹子产生的照明效果

（2）半直接照明（图 4-28，图 4-29）　这种照明方式是半透明材料制成的灯罩罩住光源上部，使 60％～90％的光线集中射向工作面，10％～40％被罩光线又经半透明灯罩扩散而向上漫射，其光线比较柔和。这种灯具常用于较低的房间的一般照明。

（3）间接照明（图 4-30，图 4-31）　间接照明方式是将光源遮蔽而产生的间接光的照明方式，其中 90％～100％的光通量通过天棚或墙面反射作用于工作面，10％以下的光线则直接照射工作面。通常有两种处理方法：一是将不透明的灯罩装在灯泡的下部，光线射向平顶或其他物体上反射成间接光线；二是把灯泡设在灯槽内，光线从平顶反射到室内成间接光线。这种照明方式单独使用时，需注意不透明灯罩下部的浓重阴影。通常和其他照明方式配合使用，才能取得特殊的艺术效果。

图 4-27　亮度较高的直接照明

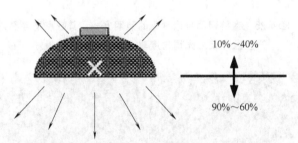

图 4-28　半直接照明 60%～90%光线集中射向工作面，光亮
足够，但仍有眩光的问题，常见的灯具如吊灯

图 4-29　吊灯照明

　　（4）半间接照明（图 4-32，图 4-33）　半间接照明和半直接照明相反，把半透明的灯罩装在灯泡下部，60%以上的光线射向平顶，形成间接光源，10%～40%光线经灯罩向下扩散，这种方式能够产生比较特殊的照明效果，使较低矮的房间有增高的感觉。也适用于住宅中的小空

间部分，如门厅、过道等，通常在学习的环境中采用这种照明方式，最为相宜。

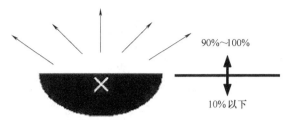

图 4-30　间接照明通过反射间接地作用于指定工作面上，间接照明形式较接近，
眩光及阴影也较少，常见的灯具如门灯

图 4-31　门灯

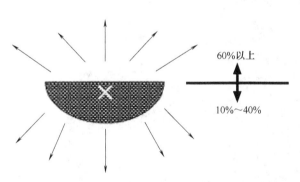

图 4-32　半间接照明光线不直接照射在工作
面上，因此光线较为柔和和自然，也不因眩
光及阴影减少舒适感，常见的灯具如壁灯

图 4-33　环形壁灯

　　（5）漫射照明（图 4-34，图 4-35）　是利用灯具的折射功能来控制眩光，将光线向四周扩散、漫射。这种照明大体上有两种形式：一种是光线从灯罩上口射出经平顶反射，两侧从半透明灯罩扩散，下部从格栅扩散；另一种是用半透明灯罩把光线全部封闭而产生漫

射。这类照明光线性能柔和，视觉舒适，适于卧室。

知识链接

（1）人工照明质量　是指光照技术方面有无眩光和眩目现象，照度均匀性，光谱成分阴影问题。

（2）闪烁与眩光　闪烁即颤光感觉，光亮晃动不定、忽明忽暗；眩光是由视野中极高的亮度或视野中心与背景间较大的亮度差而引起的。

（3）暗适应和明适应　人由亮处走到暗处时的视觉适应过程，称为暗适应；人由暗处走到亮处时的视觉适应过程，称为明适应。

当人从亮处走到暗处时，人眼一时无法辨认物体，需要大约三十分钟的调整适应时间，其调整过程也分为三个阶段：

① 瞳孔放大，增加光线的进入。

② 锥状细胞敏感度减弱，感光度逐渐增加。

③ 杆状细胞敏感度迅速增加，以取代锥状细胞，担负视觉功能。

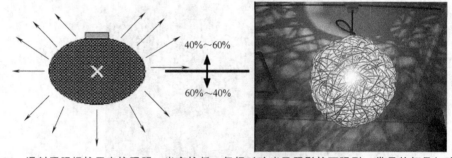

图 4-34　漫射照明相较于直接照明，光亮较低，但相对眩光及阴影较不强烈，常见的灯具如球形灯

图 4-35　灯光透过石材出来的柔和光线

4.1.3.4　室内色彩设计

色彩是建筑装饰设计的重要视觉要素和组成部分。建筑装饰色彩具有美学和功能的双

重目标，一方面可以表现建筑装饰空间的艺术美感，另一方面可以提高建筑装饰空间环境效能。（详见第3章）

4.1.3.5 室内声环境的设计

室内声环境设计首先要避免噪声，其方法很多，如采用具有消音隔声功能的楼板、门窗，同时还可以用吸声板作室内墙面。除此之外，不同的室内空间环境对声环境的要求也不同。如教室、演讲厅等室内要求各处有良好的语音清晰度，音乐厅、剧场等室内要求能获得优美悦耳的音质。这就要求声环境设计要考虑到室内空间的容积、室内空间的形体以及席位的数目等多种因素，根据不同的室内空间功能要求，采取合理的处理方法，同时还要避免回声、声影、声聚焦等多种内声缺陷。

听觉环境设计的根本目的就是根据声音的物理性能、听觉特征、环境特点，创造一个符合使用者听音要求的良好的室内声环境。关于住宅等一般民间建筑和工业建筑，其室内的声环境主要是噪声控制，其次是隔振问题。

室内听觉环境设计的内容和步骤如下。

1. 噪声控制

（1）确定厅堂内允许噪声值　在通风、空调设备和放映设备正常运行的情况下，根据使用性质选择合适的噪声值（表4-1）。

表4-1　不同的环境条件声压级和声压

环境条件	声压级/dB	声压/Pa	环境条件	声压级/dB	声压/Pa
飞机起飞、鼓风机附近（离进口0.5m）	120~130	20~60	安静的办公室	50	0.006
织布车间	100~105	2~3	图书馆	40	0.002
冲床附近	100	2	安静的卧室	30	0.0006
地下铁路	90	0.6	播音室	20	0.0002
大声说话（1m）	70	0.06	树叶沙沙声	10	0.00006
普通说话（1m）	60	0.02	听阈	0	0.00002

（2）确定环境背景噪声值　要到建筑基地实地测量环境背景噪声值，如果有噪声地图的话，还要结合发展规划（包括民航航线）做适当的修改。

（3）环境噪声处理　首先要选择合适的建筑基地，结合总图布置，使观众厅远离噪声声源，再根据隔声要求选择合适的围护结构。尽量利用走廊和辅助房间加强隔声效果。

（4）建筑内噪声源处理　尽量采用低噪声设备，必要时再加防噪处理，如隔声、吸声、隔振等手段降噪。

（5）隔声量计算和隔声构造的选择　要注意防止噪声影响周围他人空间。因此墙要用隔声材料，窗用双层玻璃，内墙用吸声的制作材料。

2. 音质设计

（1）选择合理的房间容积和形态　首先要根据人在室内环境中的行为要求确定室内空间的大小，再根据视觉、听觉等要求调整室内空间形态。不能满足声学要求时，再配以扩声系统。

（2）反射面及舞台反射罩的设计　利用舞台反射罩，台口附近的顶棚、侧墙、跳台栏板、包厢等反射面，向池座前区提供早期反射声。

（3）选择合适的混响时间　根据房间的用途和容积，选择合适的混响时间及其频率特性，对有特殊要求的房间采取可变混响的方式。

（4）混响时间计算　按初步设计所选材料分别计算 125Hz、250Hz、500Hz、1000Hz、2000Hz 和 4000Hz 的混响时间，检查是否符合选定值。必要时对吸声材料、构造方式等进行调整再重新计算。

（5）吸声材料布置　结合室内视觉要求，从有利声扩散和避免音质缺陷等因素综合考虑。

听觉与听觉环境交互作用，只是室内设计的一个问题，故室内音质设计还需同其他知觉要求结合起来，综合处理。

知识链接

噪声对人类活动的影响

① 噪声会影响听者的注意力，使人烦恼；

② 噪声会降低人们的工作效率，尤其是对脑力劳动者的干扰；

③ 噪声会使需要高度集中精力的工作者造成错误，影响工作成绩，加速疲劳；

④ 噪声影响睡眠，时间长了，则会影响人体的新陈代谢，消化衰退与血压升高；

⑤ 大于 150dB 的噪声，会立即破坏人的听觉器官，或使人局部损失听觉，轻者则造成听力衰退。

4.1.3.6　室内家具、设施的形体、尺寸及组合布置

家具、设施为人所使用，家具、设施的形体、尺寸及组合布置是否符合人体工程学的要求，直接影响着人们的生活质量。要根据物品的使用频度设计不同的存储区域。同时，人们为了使用这些家具和设施，其周围必须留有活动和使用的最小余地，餐桌面必须保证每人至少有 600mm 宽的手肘空间，桌面与膝盖间要保持 100～200mm 的间隙，等等。

4.2　人体基本尺度

【引例2】

有趣的人体尺度。用皮尺量一量自己拳头的周长，再量一下自己的脚底长，你会发现这两个长度很接近。所以，买袜子时只要把袜底在自己的拳头上绕一下，就知道是否合适。

为你的父母或兄长量一量脚长和身高，你也许会发现其中的奥秘：身高往往是脚长的 7 倍。（要说明的是：少年和童年在长身体时，身高和脚长的比例不恰恰是 7 比 1，长个子往往先长脚，如果你的身高比脚长的 7 倍还小，那你还会长个子，当然，这也不都是绝对的。）

在正常情况下，一个人手腕的周长恰恰是他/她脖子周长的一半。一般来说，两臂平伸的长度正好等于身高。大多数人的大腿正面厚度和他/她的脸宽差不多。大多数人肩膀最宽处等于他/她身高的 1/4。成年人的身高，大约等于头长的 8 倍或 7.5 倍。图 4-36 所示是我国成年女子中等人体地区的人体各部分平均尺寸。

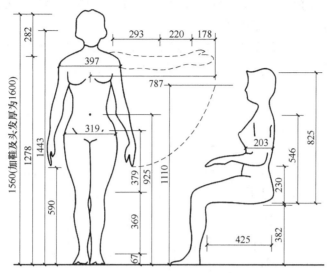

图 4-36　我国成年女子中等人体地区的人体各部分平均尺寸（单位：mm）

人体基本尺度是人体工程学研究的最基本的数据之一（图 4-37，图 4-38）。

图 4-37　人体比例图

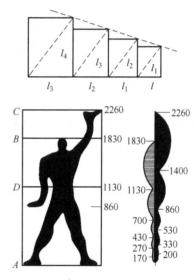

$AD=DC, BD/AD=AD/(AD+BD)$

图 4-38　柯布西耶创立的模数制（单位：mm）

　　相对于周围物体而言，人的活动状态可分为两种：一是相对静止；二是相对运动。人相对静止状态的形态主要有站立、躺卧、静坐、蹲等；人相对运动状态的形态主要有行走、蹦跳及站、坐、卧等的身体与手、足的运动。

　　除了人体测量得出的尺度外，受嗅觉、视觉、听觉等方面的影响，在心理上还形成了人体的感觉尺度。

4.2.1　人体静态尺度

　　人体静态尺度是指静止的人体尺度，即人在站立、躺卧、静坐、蹲时的尺寸，它包括头、躯干、四肢等在标准状态下测得的尺寸。在室内设计中应用最多的静态尺寸有身高、坐高、臀部至膝盖长度、臀部宽度等。

一般来讲，人体的静态尺度与人体的高度、种族、性别以及所处的地区有关。我国按中等人体地区调查平均身高，成年男子身高为 1670mm，成年女子为 1560mm（图 4-36，图 4-39）。

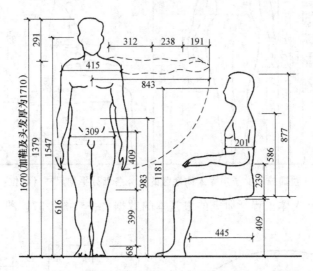

图 4-39　我国成年男子中等人体地区的人体各部分平均尺寸（单位：mm）

4.2.2　人体动态尺度

人体动态尺度是指人在作业及动作在空间进行时所发生的尺寸（图 4-40）。由于人体

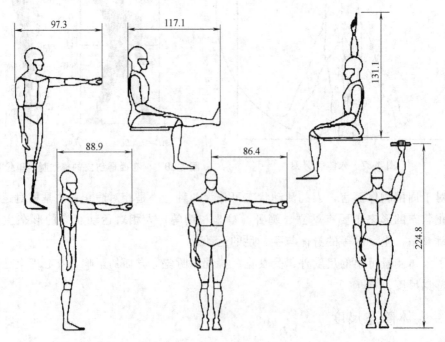

图 4-40　有功能作用的人体尺寸（单位：mm）

活动的姿态和动作是无法计数的，但在设计中控制了它的主要的基本的动作，就可以作为设计的依据。这里的人体动作的尺寸是实测的平均数。

人处在各种动态之中，按其工作性质和活动规律，可分为站立姿势、坐椅姿势、平坐姿势和躺卧姿势等四类（图 4-41，图 4-42）。

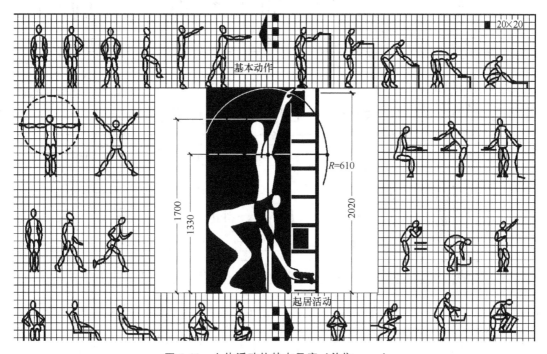

图 4-41　人体活动的基本尺度（单位：mm）

（1）站立姿势　背伸直、直立、向前微弯腰、微微半蹲、半蹲等。

（2）坐椅姿势　依靠、高坐、低坐、高蹲、低蹲、工作姿势、稍息姿势、休息姿势等。

（3）平坐姿势　蹲、盘腿坐、直跪坐、跪端坐、单膝跪立、双膝跪立、爬行、支起一条腿坐、腿伸直坐等。

（4）躺卧姿势　俯伏撑卧、侧撑卧、仰卧等。

4.2.3　人体感觉尺度

4.2.3.1　嗅觉距离

嗅觉是一种远感，它是通过长距离感受化学刺激的感觉。通常情况下，在 1m 以内可以闻到衣服和头发散发的较弱的气味；在 2～3m 的距离，能闻到香水或其他较浓的气味；在 3m 以外则可以嗅到很浓烈的气味。

4.2.3.2　听觉距离

听觉是由声波作用于听觉器官，使其感受细胞兴奋并引起听神经的冲动发放传入信息，经各级听觉中枢分析后引起的感觉。在一般情况下，在 7m 以内人与人可进行一般交谈；在 30m 以内听众可以听清楚讲演；超过 35m 以外，则能听见叫喊，但很难听清楚语言，因此在布置接待空间时，超过 30m，要安排使用扬声器。

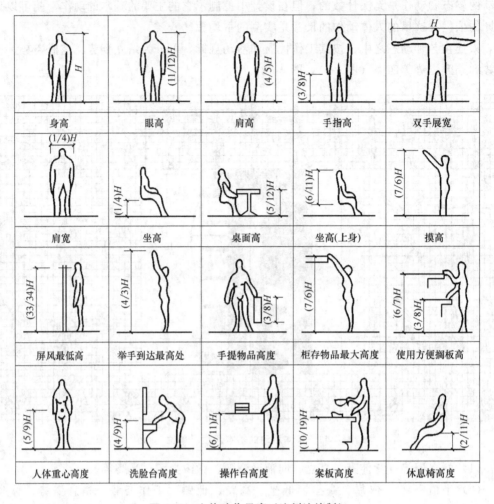

图 4-42　人体动作尺度（比例法绘制）

身高	眼高	肩高	手指高	双手展宽
肩宽	坐高	桌面高	坐高(上身)	摸高
屏风最低高	举手到达最高处	手提物品高度	柜存物品最大高度	使用方便搁板高
人体重心高度	洗脸台高度	操作台高度	案板高度	休息椅高度

4.2.3.3　人际距离

人际距离是指个体之间在进行交往时通常保持的距离。这种距离受到个体之间由于相容关系不同而产生的情感距离的影响。人类学家霍尔认为"人际距离"可区分为 4 种。

（1）亲密距离　0～0.45m。通常用于父母与子女之间、情人或恋人之间，在此距离内双方均可感受到对方的气味、呼吸、体温等。

（2）个人距离　0.45～1.3m。一般适用于朋友之间，此时人们说话温柔，可以感知大量的体语信息。

（3）社会距离　1.3～3.75m。用于具有公开关系而不是私人关系的个体之间，如上下级关系、顾客与售货员之间、医生与病人之间等。

（4）公共距离　大于 3.75m。用于进行正式交往的个体之间或陌生人之间，这些都有社会的标准或习俗。这时的沟通往往是单向的。

4.3　室内环境中人的心理与行为

人在室内环境中，其心理与行为尽管有个体之间的差异，但从总体上分析仍然具有共性，仍然具有以相同或类似的方式作出反应的特点，这也正是进行设计的基础。

下面列举几项室内环境中人们的心理与行为方面的情况。

4.3.1 领域性与人际距离

领域性原是动物在环境中为取得食物、繁衍生息等的一种适应生存的行为方式。人在室内环境中的生活、生产活动，总是力求其活动不被外界干扰。如办公室中你自己的位子，住宅门前的一块区域等。

人与人之间距离（图 4-43）的大小取决于人们所在的社会集团（文化背景）和所处情况的不同而相异。熟人还是生人，不同身份的人，人际距离都不一样（熟人和平级人员较近，生人和上下级较远）。赫尔把人际距离分为四种：密友、普通朋友、社交、其他人。当然对于不同民族、宗教信仰、性别、职业和文化程度等因素，人际距离也会有所不同。

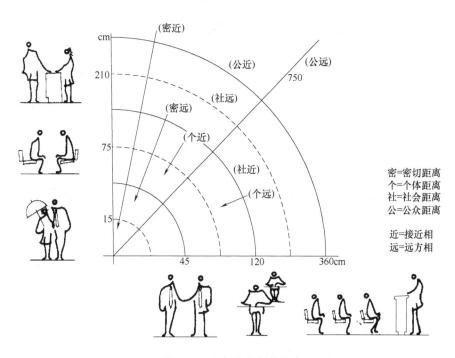

图 4-43 人与人之间的距离

4.3.2 私密性与尽端趋向

如果说领域性主要在于空间范围，则私密性更涉及在相应空间范围内包括视线、声音等方面的隔绝要求。私密性在居住类室内空间中要求更为突出。

日常生活中人们还会非常明显地观察到，集体宿舍里先进入宿舍的人，如果允许自己挑选床位，他们总是愿意挑选在房间尽端的床铺，可能是由于生活就寝时相对地较少受干扰。同样情况也见之于就餐人对餐厅中餐桌座位的选择，相对地人们最不愿选择近门处及人流通过处的座位，餐厅中靠墙卡座的设置，由于在室内空间中形成更多的"尽端"，也就更符合散客就餐时"尽端趋向"的心理要求。

4.3.3　依托的安全感

生活活动在室内空间的人们，从心理感受来说，并不是越开阔、越宽广越好，人们通常在大型室内空间中更愿意有所"依托"的物体。在火车站和地铁车站的候车厅或站台上，人们并不较多地停留在最容易上车的地方，而是愿意待在柱子边，人群相对地汇集在厅内、站台上的柱子附近，适当与人行通道保持距离。在柱边人们感到有了"依托"，更具安全感。图4-44所示是日本大阪大学的学者在一日本铁路车站候车厅内，据实测调查所绘制的人们候车的位置图。

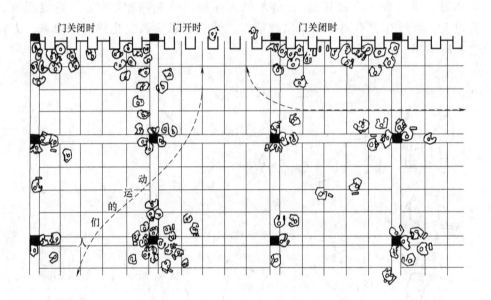

图 4-44　铁路车站候车厅人们候车的位置

4.3.4　从众与趋光心理

从众心理即指个人受到外界人群行为的影响，而在自己的知觉、判断、认识上表现出符合于公众舆论或多数人的行为方式。从一些公共场所（商场、车站等）内发生的非常事故中观察到，紧急情况时人们往往会盲目服从人群中领头几个急速跑动的人的去向，不论其去向是否是安全疏散口。当火警或烟雾开始弥漫时，人们无心注视标志及文字的内容，甚至对此缺乏信赖，往往是更为直觉地跟着领头的几个人跑动，以致成为整个人群的流向。上述情况即属从众心理。

趋光心理指人一般在室内空间中流动时，常常选择朝光亮的方位移动，这也是人的一种本能。在空间设计中，都应以这一原理为指导，在各类通道及紧急出口处设置亮堂的标志符号以引导方向，方便人们的识别。

上述心理和行为现象提示设计者在创造公共场所室内环境时，首先应注意空间与照明等的导向，标志与文字的引导很重要，但从紧急情况时的心理与行为来看，对空间、照明、音响等需予以高度重视。

4.3.5 捷径效应

所谓捷径效应是指人在穿过某一空间时总是尽量采取最简洁的路线，即使有别的因素的影响也是如此。

观众在典型的矩形穿过式展厅中的行为模式与其在步行街中的行为十分相仿。观众一旦走进展览室，就会停在头几件作品前，然后逐渐减少停顿的次数直到完成观赏活动。由于运动的经济原则（少走路），故只有少数人完成全部的观赏活动（图4-45）。

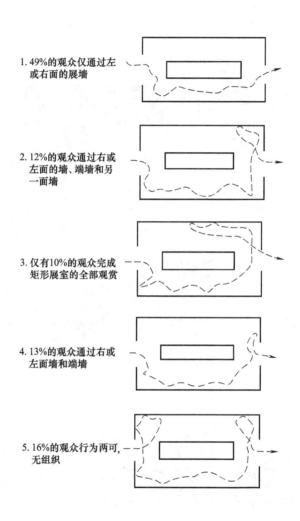

图 4-45 人们在展厅的行为模式

4.3.6 空间形状的心理感受

由各个界面围合而成的室内空间，其形状特征常会使活动于其中的人们产生不同的心理感受。著名建筑师贝聿铭曾对他的作品——具有三角形斜向空间的华盛顿艺术馆新馆（图4-46）有很好的论述，他认为三角形的斜向空间常给人以动态和富有变化的心理感受。

(a)

(b)

(c)

图 4-46 华盛顿艺术馆新馆

本 章 小 结

1. 人体工程学是研究"人-机-环境"系统中人、机、环境三大要素之间的关系，为解决该系统中人的效能、健康问题提供理论与方法的科学。

2. 人体工程学联系到室内设计，是以人为主体，运用人体计测、生理计测、心理计测等手段和方法，研究人体结构功能、心理、力学等方面与室内环境之间的合理协调关系，以适合人的身心活动要求，取得最佳的使用效能，其目标是创造安全、健康、高效能和舒适的环境。

3. 人体工程学在室内设计中的应用包括：室内光环境设计；室内色彩设计；室内声环境设计；室内家具、设施的形体、尺寸及组合布置。

4. 人体的基本尺度包括静态尺度和动态尺度，除了人体测量得出的尺度外，受嗅觉、视觉、听觉等方面的影响，在心理上还形成了人体的感觉尺度。

5. 家具的主要功能是实用，是人为了自己的方便而创造的，家具应当舒适、方便、安全、美观，满足人们生理特征的要求，所以家具的设计应以人体工程学为依据，使其符合人体基本尺寸和从事各种活动范围所需的尺寸。

6. 室内环境中人的心理与行为主要包括领域性与人际距离、私密性与尽端趋向、依托的安全感、从众与趋光心理、捷径效应、空间形状的心理感受。

7. 视觉环境设计主要包括室内的空间形态、环境光影和色彩、家具设备等相关因素。

8. 听觉环境设计的根本目的就是根据声音的物理性能、听觉特征、环境特点，创造一个符合使用者听音要求的良好的室内声环境。关于住宅等一般民间建筑和工业建筑，其室内的声环境主要是噪声控制，其次是隔振问题。

习　　题

1. 人体工程学的定义是什么？
2. 人体工程学在室内设计中有哪些作用？
3. 人体测量的主要内容有哪些？
4. 在床的设计中，床的尺寸为什么不仅仅以人体的外廓尺寸为准？
5. 衣柜设计的主要尺寸是什么？
6. 人际距离包括哪几类？
7. 室内环境中人的心理与行为有哪些？
8. 噪声的控制方法有哪些？

实训作业　人体尺度数据测绘

训练目的：

熟悉人体尺度的相关数据；

掌握自己的主要身体尺寸；

树立根据人体尺度感知空间的设计观念。

测量内容：

（1）人体数据　自己的身高、肩高、视高、举手高；一乍长、一脚长、一步长、双臂展开长……

（2）家具　绘图桌面高、绘图椅面高、一般课桌椅高、阅览室桌椅高、电脑桌椅高……食堂餐桌椅高，桌椅间距（舒适的与不舒适的），四人餐桌长宽、桌椅高，四人圆餐桌直径，十人餐桌直径……单人沙发长宽、转角沙发长宽；单人床长宽、双人床长宽……

室内空间设计

人们生存的世界是一个四维的时空统一连续体。在室内设计中，时空的统一连续体是通过客观静态实体与动态虚形的存在和主观人的时间运动相融来实现其全部设计意义的。因此空间限定与时间序列成为室内设计空间体系最基本的构成要素。

5.1 室内空间的类型

5.1.1 结构空间

通过对结构外露部分的观赏来领悟结构构思及营造技艺所形成的空间美的环境，可称为结构空间（图5-1，图5-2）。

人们对结构的精巧构思和高超技艺有所了解，引起赞赏，从而更加增强室内空间艺术的表现力与感染力，这已成为现代空间艺术审美中极为重要的倾向。结构的现代感、力度感、科技感和安全感是真、善、美的体现，比之繁琐和虚假的装饰，更具有震撼人心的魅力。室内设计师应充分利用合理的结构本身为视觉空间艺术创造所提供的明显的或潜在的条件。

5.1.2 开敞空间

开敞的程度取决于有无侧界面、侧界面的围合程度、开洞的大小及启闭的控制能力等。开敞空间是外向性的，限定度和私密性较小，强调与周围环境的交流、渗透，讲究对景、借景，与大自然或周围空间的融合。和同样面积的封闭空间相比，开敞空间要显得大些。心理效果表现为开朗、活跃，性格是接纳性的（图5-3）。

开敞空间经常作为室内外的过渡空间，有一定的流动性和很高的趣味性，是开放心理在环境中的反映。

5.1.3 封闭空间

封闭空间（图5-4）是用限定性比较高的围护实体（承重墙、轻体隔墙等）包围起来的，无论是视觉、听觉和小气候等都有很强隔离性的空间。其性格是内向的、拒绝性的，具有很强的领域感、安全感和私密性，与周围环境的流动性较差。

(a)

(b)

图 5-1　图书馆中结构与书架融合设计

　　随着围护实体限定性的降低，封闭性也会相应减弱，而与周围环境的渗透性相对增加，但与虚拟空间相比，仍然是封闭为特色，在不影响特定的封闭机能的原则下，为了打破封闭的沉闷感，经常采用灯窗、人造景窗、镜面等来扩大空间感和增加空间的层次。

5.1.4　动态空间

　　动态空间引导人们从"动"的角度观察周围事物，把人们带到一个由空间和时间相结合的"第四空间"（图 5-5，图 5-6）。动态空间有以下特色。

图 5-2　建筑结构的装饰作用

① 利用机械化、电气化、自动化的设施如电梯、自动扶梯、旋转地面、可调节的围护面、各种管线、活动雕塑以及各种信息展示等，加上人的各种活动，形成丰富的动势。

② 组织引人流动的空间系列，方向性比较明确。

③ 空间组灵活，人的活动路线不是单向而是多向。

④ 利用对比强烈的图案和有动感的线形。

⑤ 光怪陆离的光影，生动的背景音乐。

⑥ 引进自然景物，如瀑布、花木、小溪、阳光乃至禽鸟。

⑦ 楼梯、壁画、家具，使人时停、时动、时静。

⑧ 利用匾额、楹联等启发人们对动态的联想。

5.1.5　静态空间

人们热衷于创造动态空间，仍不能排除对静态空间（图 5-7，图 5-8）的需要，这是基于动静结合的生理规律和活动规律，也是为了满足心理上对动和静的交替追求。静态空间一般有下述特点。

① 空间的限定性较强，趋于封闭型；

② 多为尽端空间，序列至此结束，私密性较强；

③ 多为对称空间，除了向心、离心以外，较少其他倾向，达到一种静态的平衡；

④ 空间及陈设的比例尺度协调；

⑤ 色调淡雅和谐，光线柔和，装饰简洁；

⑥ 视线转换平和，避免强制性引导视线的因素。

(a)

(b)

图 5-3　室内外空间的融合（参见彩图）

5.1.6　悬浮空间

　　室内空间在垂直方向的划分采用悬吊结构时，上层空间的底界面不是靠墙或柱子支撑，而是依靠吊杆悬吊，因而人们在其上有一种新鲜而有趣的"悬浮"感觉。由于底面没有支撑结构，因而可以保持视觉空间的通透完整，让底层空间的利用更自由灵活（图 5-9，图 5-10）。

图 5-4　封闭空间

图 5-5　手扶梯

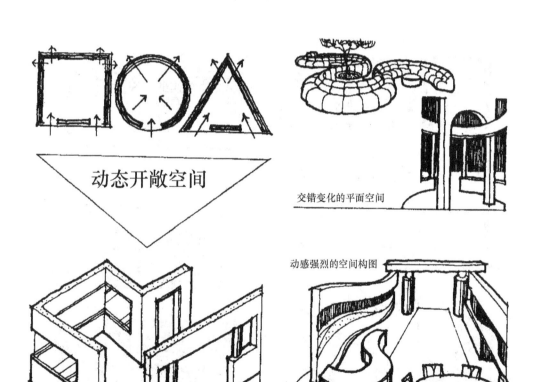

图 5-6　动态空间在商业环境中的运用

图 5-7　静态空间

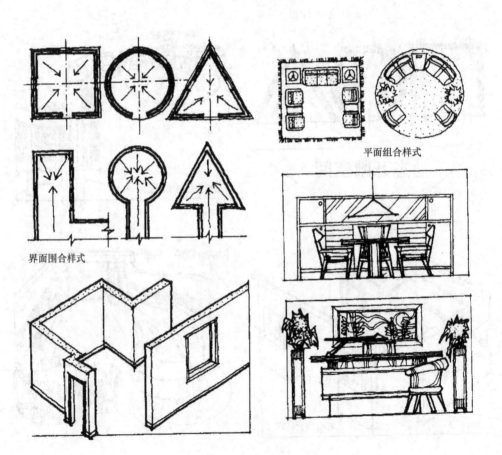

平面组合样式

界面围合样式

图 5-8　界面围合

图 5-9　悬浮空间

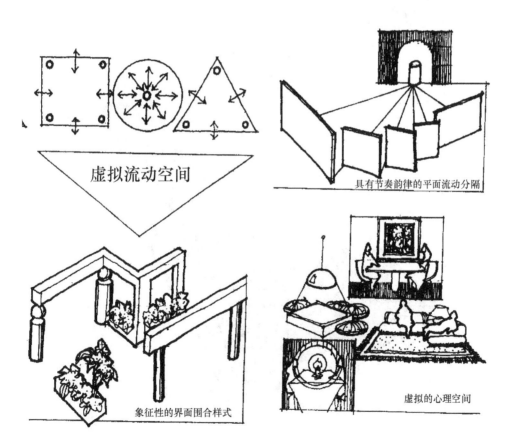

图 5-10　虚拟空间

5.2 室内空间的组合

室内空间组合首先应该根据物质功能和精神功能的要求进行创造性的构思，根据当时当地的环境，结合建筑功能要求进行整体筹划，从单个空间的设计到群体空间的序列组织，由外到内，由内到外，反复推敲，使室内空间组织达到科学性、经济性、艺术性、理性与感性的完美结合，做出有特色、有个性的空间组合。合理地利用空间，不仅反映在对内部空间的巧妙组织，而且反映在空间的大小、形状的变化，整体和局部之间的有机联系，在功能和美学上达到协调和统一。

室内空间的组合方式主要是根据需要，考虑各个空间之间的远近距离、大小尺寸和互通方式。空间的组合形式有很多种，根据不同空间组合的特征，概括起来有并列式、集中式、线形式、辐射式、组团式、网格式、轴线对位式、庭院式等。

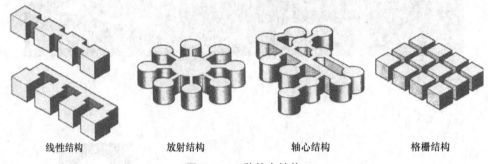

| 线性结构 | 放射结构 | 轴心结构 | 格栅结构 |

图 5-11   4 种基本结构

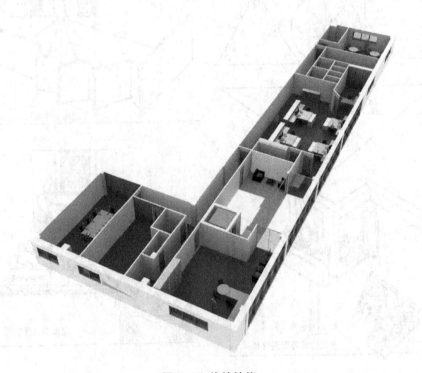

图 5-12   线性结构

常见的空间组合方式主要有以下 4 种（图 5-11，图 5-12）。

（1）线性结构 线性结构把建筑中的单元空间沿着一条线进行布置，一般是一条通行道，它可能是笔直的，也可能是曲线形的。虽然这些空间可能在形状或尺寸大小方面有所不同，但它们都相连于通道，这些通道两边建筑空间就呈现了线性布置安排的结构。

（2）放射结构 放射结构有一个中央核心，其余空间围绕中心或者从中心向外延伸。采用放射结构一般都是较为正式的布局，其重点是中央空间，可以是中央花园或大厅。其他空间围绕中央空间布置，并都在中央空间设置出入口。

（3）轴心结构 当出现两个或两个以上主要的线性结构，而且它们以一定的角度交叉时，空间的组合形式即成为轴心结构。

（4）格栅结构 即在两组互为轴线的平行线之间建立重复的模块结构。格栅结构把同样的空间组织在一起，一般由环流线路所框定。餐馆里的各张餐桌之间留有供通行的空间，就是格栅布局的一个典型例子。如果格栅结构使用的过于频繁，或用于不合适场所的话，可能会显得相当混乱或单调乏味。

除了前面提到的有形的空间外，还存在着"无形空间"或者称之为心理空间。例如在公园里，先来的人坐在长凳的一端，后来者就会坐在另一端，此后行人对是否要坐在中间位置上，往往很犹豫，这种无形的空间范围，就是心理空间。室内空间的大小、尺度、家具布置和座位排列以及空间的分隔等，都应从物质需要和心理需要两方面结合起来考虑。设计师是物质环境的创造者，不但应关心人的物质需要，更要了解人的心理要求，并通过良好的优美环境来影响和提高人的心理素质，把物质空间和心理空间统一起来。

5.3 空间的分隔与联系

空间的分隔和联系不单是一个技术问题，也是一个艺术问题，良好的分隔总是以少胜多、虚实得宜、构成有序、自成体系，对整个空间设计效果有着重要的意义，反映出设计的风格和特色。空间的分隔方式具体来说有以下几种处理方法（图 5-13）。

5.3.1 绝对分隔

通过绝对分隔产生的空间就是常说的"房间"。用承重墙、到顶的轻体隔墙等限定度（隔离视线、声音、温度、湿度等的程度）高的实体界面分隔空间，称为绝对分隔。这样分隔出的空间有非常明确的界限，隔音良好，封闭程度高，视线完全阻隔或具有灵活控制视线遮挡的性能，不受声音的干扰，与周围环境的流动性很差，但可以保证安静、私密和有全面抗干扰的能力。这种空间与其他空间没有直接的联系。

5.3.2 相对分隔

相对分隔的封闭程度低，或不阻隔视线，或不阻隔声音，或可与其他空间直接来往（图 5-14）。

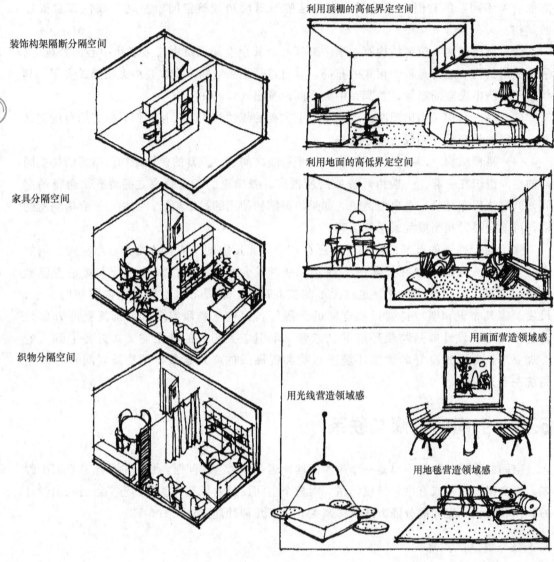

装饰构架隔断分隔空间

利用顶棚的高低界定空间

家具分隔空间

利用地面的高低界定空间

织物分隔空间

用画面营造领域感

用光线营造领域感

用地毯营造领域感

图 5-13　空间分隔

5.3.3　局部分隔

　　用片断的面（屏风、翼墙、不到顶的隔墙和较高的家具等）划分空间，称为局部分隔。限定度的强弱因界面的大小、材质、形态而异。其特点是界于绝对分隔与象征性分隔之间，有时界限不大分明（图 5-15～图 5-19）。

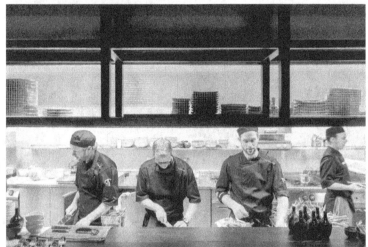

图 5-14　厨房与餐厅的相对分隔

图 5-15　屏风

图 5-16　屏风在餐厅中的应用　　　　　　图 5-17　弧形的衣柜分隔更衣与卧室休息空间

图 5-18　利用 L 形书柜分隔空间　　　　　　图 5-19　电视背景墙不落地

5.3.4　象征分隔

　　用片断、低矮的面；罩、栏杆、花格、构架、玻璃等通透的隔断；家具、绿化、水体、色彩、图案、材质、光线、高差、悬垂物、音响、气味等因素分隔空间，属于象征分隔。这种分隔方式的限定度很低，空间界面模糊，但能通过人们的联想和"视觉完形性"而感知，侧重心理效应，具有象征意味，在空间划分上是隔而不断，流动性很强、层次丰富、意境深邃。这种分隔可以被人感知，但没有实际的隔断作用（图 5-20～图 5-24）。

5.3.5　弹性分隔

　　利用拼装式、直滑式、折叠式、升降式等活动隔断和帘幕、家具、陈设等分隔空间，

图 5-20　开放式会议室

图 5-21　空间隔断设计

图 5-22　地面抬高分隔空间

可以根据使用要求而随时启闭或移动，空间也就随之或分或合，或大或小。采用弹性分隔可视需要使各个空间独立，或者重新合成大空间，能够增加空间分隔的灵活性。这种分隔方式称为弹性分隔，这样分隔的空间称为弹性空间或灵活空间（图 5-25～图 5-27）。

室内的空间分隔，还可以按其形式划分为两类。

（1）垂直型分隔　是指利用竖向构件将建筑室内空间分隔成各个区域。通常利用墙体、屏风、帷幔来实现垂直型分隔。

（2）水平型分隔　利用水平构件或者地面高差将建筑室内空间分隔成各个区域。通常利用阶梯、夹层、天棚、地面高差来实现水平分隔。

图 5-23　地面下沉分隔空间

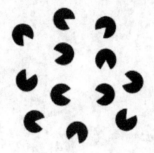

图 5-24　视觉完形（在这个图中你能找到怎样的图形?）

图 5-25　折叠门

图 5-26 像墙一样的梭门，装上轨道，解放地面

图 5-27 根据空间的需要排列、调整单个轨道小隔断的密度

5.4 空间的过渡和引导

空间的过渡和过渡空间，是根据人们日常生活的需要提出来的，如人们进入自己的家时，都希望在门口有块地方擦鞋、换鞋，放置雨伞、挂雨衣。或者为了家的安全性和私密性，进入居室前需要有块缓冲地带。又如在影剧院中，为了避免观众从明亮的室外突然进入较暗的观众厅而引起视觉上的急剧变化所造成的不适应感觉，常在门厅、休息厅和观众厅之间设立渐次减弱光线的过渡空间。这些都属于实用性的过渡空间。此外，如厂长、经

理办公室前设置的秘书接待室，某些餐厅、宴会厅前的休息室，除了一定的实用性外，还体现了某种礼节、规格、档次和身份。凡此种种，都说明过渡空间的性质包括实用性、礼节性、等级性等多种性质。

过渡空间作为前后空间、内外空间的媒介、桥梁、衔接体和转换点，在功能和艺术创作上，有其独特的地位和作用。过渡的形式是多种多样的，有一定的目的性和规律性，如：

公共性→半公共性→半私密性→私密性；

开敞性→半开敞性→半封闭性→封闭性；

室外→半室外→半室内→室内。

过渡的目的常和空间艺术的形象处理有关，如欲扬先抑，欲散先聚，欲广先窄，欲高先低，欲明先暗等。要想达到像文学中所说的"曲径通幽处，禅房花木深"、"庭院深深深几许"等诗情画意的境界，恐怕都离不开过渡空间的处理。过渡空间也常起到功能分区的作用，如动区和静区、净区和污区等的过渡地带。

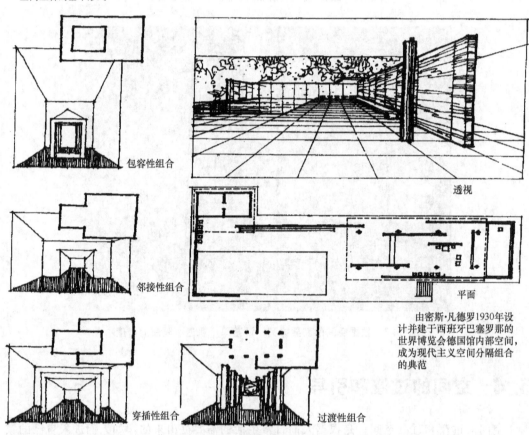

空间组合的基本形式

包容性组合

透视

邻接性组合

平面

穿插性组合

过渡性组合

由密斯·凡德罗1930年设计并建于西班牙巴塞罗那的世界博览会德国馆内部空间，成为现代主义空间分隔组合的典范

图 5-28　空间组合方式

过渡空间（图 5-28）还常作为一种艺术手段起空间的引导作用。把其处理得含蓄、自然、巧妙，使人于不经意之中沿着一定的方向或路线从一个空间依次地走向另一个空

间，大大丰富了空间的趣味性。以下介绍几种常见而又行之有效的空间引导和暗示手法。

5.4.1 借助楼梯或踏步，暗示出另外空间的存在

楼梯、踏步通常都具有一种很强的引导作用，暗示着阶梯的另一端别有洞天。一些宽大、开敞的直跑楼梯、自动扶梯等，其空间诱惑力更为强烈。许多商业建筑在入口处都设置自动扶梯，有效地把顾客分流到二层以上的空间去，避免了楼上少人问津的现象。在同一层空间中，稍微做出一些地面高差，利用踏步来引导空间也是十分有效的手段，尤其带有转折性的空间，往往不能引起人的注意，在空间衔接处设几个踏步，将起到很好的引导暗示作用（图 5-29，图 5-30）。

图 5-29　家居空间省略了扶手的楼梯导向指引

图 5-30　酒店大堂楼梯

5.4.2 利用曲面墙来引导人流到达另一空间

根据人的心理特点，人流会自然地趋向于曲线形式，以弯曲的墙面把人流引向某个确定的方向，并暗示另一空间的存在，这也成为一种常用的空间引导处理手法。这类空间的特点是动感和方向感强烈，人们面对着一条弯曲的墙面，将自然而然地产生一种期待感，希望沿着弯曲的方向而有所发现，从而将不知不觉地沿着弯曲的方向进行探索，于是便被引导至某个确定的目标。"曲径通幽"便是这种空间组织方式的真实写照（图5-31）。

图5-31　充满动感的曲面墙

5.4.3 利用空间的灵活分隔，引导暗示出另一空间的存在

在空间中只做一些象征性的分隔，追求一种连续的、运动的效果，每一个空间都连通着另一个空间，具有强烈的流动性。人们只要不感到"山穷水尽"，就会抱有某种期望，并在这种期望的驱使下继续前进，利用这种心理状态，有意识地使人处于这一空间就能预感到另一空间的存在，则可以把人由此空间引导至彼空间。中国古典园林就是空间引导和暗示很好的典范。一些展览性建筑的内部空间常常采用这种空间引导手法，有效地引导参观者的参观活动。

5.4.4 利用空间界面的处理产生一定的导向性

在空间界面的点、线、面等构图元素中，线具有很强的导向性作用，人们往往沿着线条所指引的方向前进。通过天花、墙面、地面处理，会形成一种具有强烈方向性或连续性的图案，有意识地利用这种处理手法，将有助于把人流引至某个确定的标。例如天花上的带状灯具、地面上铺砌的纵向图案、墙面上的水平线条等都能产生很强的透视感，给人流指出前进的方向。

5.5 空间的渗透与层次

空间通透、开敞会使其具有流动感、彼此之间相互渗透，大大增加了空间的层次感。空间的渗透与层次包括内外空间之间、内部空间之间和个别空间内部的渗透与层次。首先室内外空间的分隔、入口、天井、庭院，它们都与室外紧密联系，体现内外结合及室内空间与自然空间交融等。其次是内部空间之间的关系，主要表现在：封闭和开敞的关系，空间的静止和流动的关系，空间过渡的关系，空间序列的开合、抑扬的组织关系，表现空间的开放性和私密性的关系以及空间性格的关系。最后是个别空间内部在进行装修、布置家具和陈设时，对空间的再次分隔。这三个分隔层次都应该在整个设计中获得高度的统一。

中国传统建筑中非常善于运用空间的渗透与流通来创造空间效果，尤其古典园林建筑中"借景"的处理手法就是一种典型的空间渗透形式。"借"就是把别处景物引到此处来，这实质上是使人的视线能够越过分隔空间的屏障，观赏到层次丰富的景观。著名诗句"庭院深深深几许"形容的正是中国传统建筑的庭院所独具的这种景观。近现代框架结构的广泛运用，为自由灵活地分隔空间创造了极为有利的条件，各部分空间相互连通、穿插、渗透，从而呈现出极其丰富的层次变化。

获得空间的渗透与层次的方法有以下几种。

5.5.1 点式结构分隔空间

用点式的结构形式排列在一起，既可分隔空间，视线又可连续，空间之间有很强烈的流通感，如列柱、连续的拱券等分隔手段（图 5-32）。

图 5-32 点式结构分割空间

5.5.2 透空隔断分隔空间

将隔断做成透空的形式，既分隔了空间，各空间之间还彼此流通，相互渗透，空间的层次感也得到增强。一般可以采用在墙面上开洞口、花格式隔断、透空的栏杆等多种形式（图5-33，图5-34）。

图 5-33 彩色圆形玻璃窗　　　　　　　　　　　图 5-34 透空的隔断

5.5.3 玻璃、织物等半透明材料分隔空间

玻璃及织物隔断目前是一种被广泛采用的空间分隔方式，既保证了所围合空间内部小气候的稳定性，又保持了视觉的连续性（图5-35）。

图 5-35 玻璃隔断

5.5.4　夹层、回廊、中庭等形式组织空间

　　不仅同一水平面上的空间需要渗透与连通，在垂直方向上经过某些手段的处理也会形成上下空间相互穿插、渗透的空间效果，大大丰富了室内景观。例如采用夹层、回廊、中庭等空间组织方式都会创造出不同凡响的空间效果（图 5-36）。

(a)

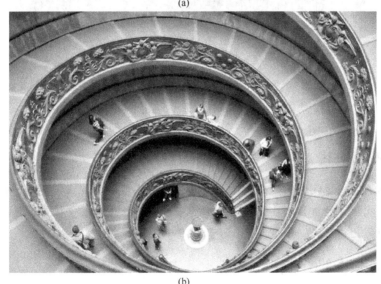

(b)

图 5-36　圆形回廊俯视图

5.6　空间的对比与变化

　　两个毗连的空间，在形式方面处理手法不同，将使人从这一空间进入另一空间时产生

情绪上的突变，从而获得兴奋的感觉。在建筑空间设计中能巧妙地利用功能的特点，在组织空间时有意识地把形状、体量、方向、通透程度等方面差异显著的空间连接在一起，将会因对比而产生一定的空间效果。在具体设计中，经常采用下面几种对比手法。

5.6.1　体量的对比

运用体量对比来突出空间的特点是最常用的空间处理手法。相连的两个空间，若体量相差悬殊，当由小空间进入大空间时，可借体量对比而使人的精神为之一振。其中最常采用的做法就是在进入主体大空间前，有意识地安排一个极小、极窄或极低的空间，通过这一空间时，人们的视线范围被极度压缩，而一旦走入高大的主体空间，眼前豁然开朗，顿时引起心理上的突变和情绪上的激动和振奋，觉得主体空间分外高大（图 5-37）。

图 5-37　体量的对比

5.6.2　形状的对比

形状不同的空间之间也会形成对比，通过这种对比可以达到求得变化和打破单调感的目的。许多现代建筑经常利用在某种规则形体中插入特殊形体的手法来产生突变，获得意想不到的空间感受和效果（图 5-38～图 5-40）。

5.6.3　通透程度的对比

所谓通透程度也就是开敞与封闭之间的对比，建筑空间的通透程度对人的感受能产生很大影响，有效运用这种对比效果可以创造出非常合宜的空间。空间的通透程度取决于界面的虚实，多开洞口或采用透明的隔断，空间就会显得开敞。反之，都是实的界面，空间就会变得封闭。一般来说，在经过封闭空间之后来到开敞空间会觉得开阔、舒畅，心情开朗；而从开敞空间来到封闭空间会有更好的安全感和私密性。充分利用空间通透程度的对比使得空间各具特色、相得益彰（图 5-41～图 5-43）。

图 5-38　圆形的窗户、坡屋面产生的夹角、线条构成的柱子和灯（参见彩图）

图 5-39　圆形的休息区形成独立空间

图 5-40　请问你观察到了哪些形状

图 5-41　透明玻璃的坡屋顶

图 5-42　利用隔断对比通透程度

图 5-43　透明的水中卧室（参见彩图）

5.6.4　方向的对比

出于功能和结构等方面因素的制约，室内空间以矩形平面者居多。矩形的长与宽的长度不一，将会在长的方向产生一定的方向感，因此为了打破形状雷同的单调感，常常把这些矩形空间纵横交替地组合在一起，借其方向的改变而产生对比。纵的空间会显得深远、富于期待感；横的空间则变得更加舒展、开阔。

利用空间的对比与变化能够创造良好的空间效果，给人一定的新鲜感，但在具体设计时切记掌握好对比变化的度，不能盲目求变，要变得有规律、有章法（图 5-44）。

图 5-44　顶棚和门的方向

5.7　空间的序列

空间的序列是指空间的先后顺序，是设计师按建筑功能给予合理组织的空间组合。各个空间之间有着顺序、流线和方向的联系（图 5-45～图 5-47）。

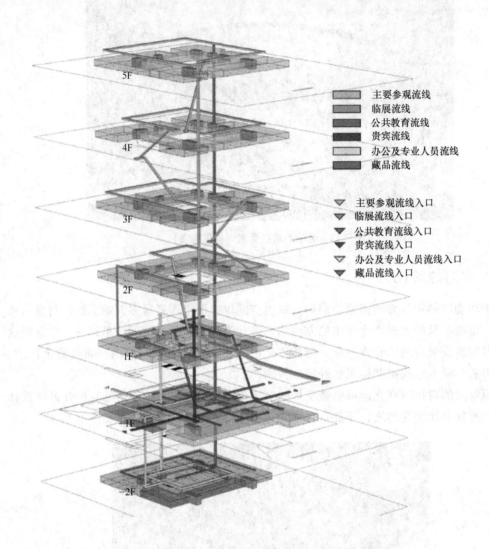

主要参观流线
临展流线
公共教育流线
贵宾流线
办公及专业人员流线
藏品流线

▽ 主要参观流线入口
▽ 临展流线入口
▽ 公共教育流线入口
▽ 贵宾流线入口
▽ 办公及专业人员流线入口
▽ 藏品流线入口

图 5-45　某博物馆建筑内部交通流线分析

　　图 5-45 所示建筑的内部交通流线分为主要参观流线、临时展览流线、公共教育流线、贵宾流线、馆内办公人员流线、专业人员流线、文物藏品流线等部分。首层和负一层的标高设置使内部和外部流线都各自拥有自己的独立出入口。由于总平面布局和上述功能分区的要求，建筑的主要参观流线的入口设于建筑东面的首层位置，而临时展览的参观入口设于建筑南面的首层位置，两入口之间由首层的公共空间连通。办公和专业人员入口设在建筑负一层的西面，藏品入口和公共教育入口设在建筑负一层的北面，贵宾入口设在建筑负一层的南面、临时展览入口的下方，以上入口均由下沉广场进入，负一层入口室内外有350mm 以上高差的防水措施。

　　人的每一项活动都是在时空中体现出一系列的过程，静止只是相对和暂时的，这种活动过程都有一定规律性或称行为模式。例如看电影，先要了解电影广告，进而去买票，然后在电影开演前略加休息或做其他准备活动（买小吃、上厕所等），最后观看（这时就相对静止）。看完后由后门或旁门疏散，看电影这个活动就基本结束。而建筑室内空间设计一般也就按照这样的序列来安排：

$$购票处 \longrightarrow 门厅 \xrightarrow[\text{小卖部}]{\text{卫生间}} 休息厅 \longrightarrow 观众厅 \longrightarrow 出口$$

这就是空间序列设计的客观依据。由此可见，空间的连续性和时间性是空间序列的必要条件，人在空间内活动感受到的精神状态是空间序列考虑的基本因素；空间的艺术章法，则是空间序列设计主要的研究对象，也是对空间序列全过程构思的结果。

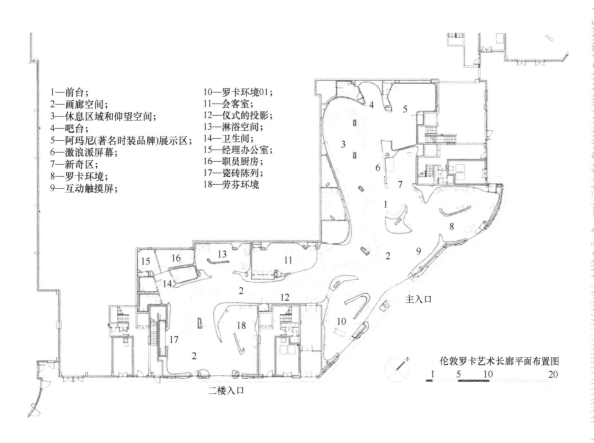

1—前台；
2—画廊空间；
3—休息区域和仰望空间；
4—吧台；
5—阿玛尼(著名时装品牌)展示区；
6—激浪派屏幕；
7—新奇区；
8—罗卡环境；
9—互动触摸屏；
10—罗卡环境01；
11—会客室；
12—仪式的投影；
13—淋浴空间；
14—卫生间；
15—经理办公室；
16—职员厨房；
17—瓷砖陈列；
18—劳芬环境

伦敦罗卡艺术长廊平面布置图

主入口

二楼入口

图 5-46　平面空间序列

5.7.1　序列的全过程

空间序列设计的构思、布局以至处理手法是根据空间的使用性质而变化的，但无论怎么变化，空间序列一般可分为以下 4 个阶段。

（1）起始阶段　这个阶段为序列设计的开端，开端的第一印象在任何艺术中无不予以充分重视。因为它与预示着将要展开的心理推测有着习惯性的联系。一般说来，具有足够的吸引力是起始阶段考虑的重点。

（2）过渡阶段　它既是起始后的承接阶段，又是出现高潮的前奏，在序列中，起到承前启后的作用，是序列设计中关键的一环。特别是在长序列中，过渡阶段可以表现出若干不同层次和细微的变化，由于它紧接着高潮阶段，因此对最终高潮出现前所具有的引导、

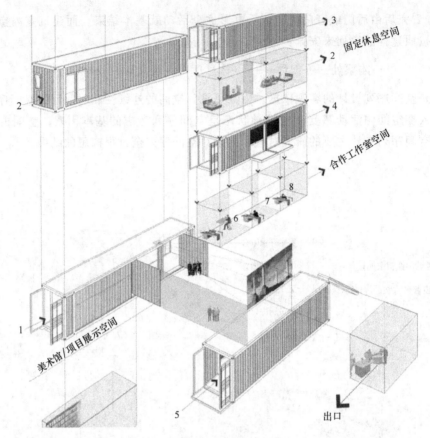

图 5-47　纵向空间序列

1,5—底层入口；2,3,4—纵向空间的出入口；6,7,8—合作工作室空间

启示、酝酿、期待，乃是该阶段考虑的主要要素。

（3）高潮阶段　高潮阶段是全序列的中心，从某种意义上说，其他各个阶段都是为高潮阶段的出现服务的，因此序列中的高潮阶段常常是精华和目的地所在，也是序列艺术的最高体现。充分考虑期待后的心理满足和激发情绪达到顶峰，是高潮阶段的设计核心。

（4）终结阶段　终结阶段是序列设计中的收尾部分，由高潮回复到平静，所以恢复常态是终结阶段的主要任务。它虽然没有高潮阶段那么显要，但也是必不可少的组成部分，良好的结束又似余音缭绕，有利于对高潮的追思和联想，耐人寻味。

5.7.2　空间序列设计的手法

空间序列的设计肯定不会是一成不变的。空间序列设计是设计师根据设计空间的功能要求，有针对性地、灵活地进行创作的。任何一个空间的序列设计都必须结合色彩、材料、陈设、照明等方面来实现，但是作为设计手法的共性，有以下几点值得注意。

（1）导向性　所谓导向性，就是以空间处理手法引导人们行动的方向性。设计师常常运用美学中各种韵律构图和具有方向性的形象类构图，作为空间导向性的手法。在这方面可以利用的要素很多，例如利用墙面不同的材料组合，柱列、装饰灯具和绿化组合，天棚及地面利用方向的彩带图案、线条等强化导向（图5-48）。

（2）视线的聚焦　在空间序列设计中，利用视线聚焦的规律，有意识地将人的视线引

162

图 5-48　屋顶序列的导向性

向主题。

（3）空间构图的多样与统一　空间序列的构思是通过若干相互联系的空间，构成彼此有机联系、前后连续的空间环境，它的构成形式随着功能要求而形形色色，因此既具有统一性又具有多样性（图 5-49，图 5-50）。

5.7.3　不同类型建筑对序列的要求

不同性质的建筑有不同的空间序列布局，不同的空间序列艺术手法有不同的序列设计章法。在现实丰富多样的活动内容中，空间序列设计绝不会是完全像上述序列那样一个模式，突破常例有时反而会获得意想不到的效果。因此，在熟悉、掌握空间序列设计的普遍性外，在进行创作时，应充分注意不同情况下的特殊性。一般说来，影响空间序列的关键在于以下几个方面。

5.7.3.1　序列长短的选择

序列的长短即高潮阶段出现的快慢。由于高潮阶段一出现，就意味着序列结束，因此一般说来，对高潮阶段的出现绝不轻易处置，高潮阶段出现越晚，层次必须增多，通过时空效应对人心理的影响必然更加深刻。因此，长序列的设计往往运用于需要强调高潮阶段的重要性、宏伟性与高贵性。如毛主席纪念堂（图 5-51），在空间序列设计上也做了充分的考虑。瞻仰群众由花岗石台阶拾级而上，经过宽阔庄严的柱廊和较小的门厅，到达宽

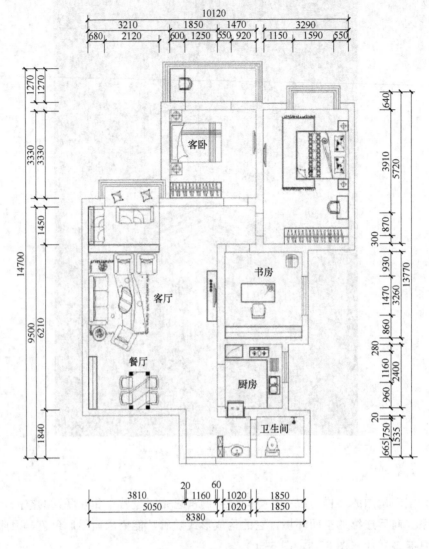

平面布置图 1:80

图 5-49 家居空间——平面图

34.6m、深 19.3m 的北大厅，厅中部高 8.5m、两侧高 8m，正中设置了栩栩如生的汉白玉毛主席坐像，由此而感到犹如站在毛主席身旁，庄严肃穆，令人引起许多追思和回忆，这对瞻仰遗容在情绪上做了充分的准备和酝酿。为了突出从北大厅到瞻仰厅的入口，南墙上的两扇大门选用名贵的金丝楠木装修，其醒目的色泽和纹理，导向性极强。为了使群众在视觉上能适应由明至暗的过程需要，以及突出瞻仰厅的主要序列（即高潮阶段），在北大厅和瞻仰厅之间，恰当地设置了一个较长的过厅和走道这个过渡空间，这样使瞻仰群众一进入瞻仰厅，感到气氛更比北大厅雅静、肃穆。这个宽 11.3m、深 16.3m、高 5.6m 的空间，在尺度上和空间环境安排上，都类似一间日常的生活卧室，使肃穆中又具有亲切感。在群众向毛主席遗容辞别后，进入宽 21.4m、深 9.8m、高 4m 的南大厅，厅内色彩以淡黄色为主，庄重、明快，地面铺以东北红大理石，在汉白玉墙面上，镌刻着毛主席亲

(a)　　　　　　　　　　　　　(b)

(c)　　　　　　　　　　　　　(d)

图 5-50　家居空间透视图

图 5-51　毛主席纪念堂内部汉白玉坐像

笔书写的气势磅礴、金光闪闪的《满江红——和郭沫若同志》词，以激励人们继续前进，起到良好的结束作用。毛主席纪念堂并没有完全效仿我国古代的冗长的空间序列和令人生畏的空间环境气氛，仅有五个紧接的层次，高潮阶段在位置上略偏中后，在空间上也不是最大的体量，这和特定的社会条件、建筑性质、设计思想有关，也是对传统序列的一个改革。

　　但对于以讲效率、讲速度、节约时间为前提的各种交通客站，它的室内布置应该一目了然，层次越少越好，通过时花费的时间越短越好，不使旅客因找不到办理手续的地点和迂回曲折的出入口而造成心理紧张。对于有充裕时间进行观赏游览的建筑空间，为迎合游客尽兴而归的心理愿望，将建筑空间序列适当拉长也是恰当的。

5.7.3.2　序列布局类型的选择

　　采取何种序列布局，决定于建筑的性质、规模、地形环境等因素。一般可分为对称式和不对称式、规则式或自由式。空间序列线路，一般可分为直线式、曲线式、循环式、迂回式、盘旋式、立交式等。我国传统宫廷寺庙以规则式和曲线式居多，而园林别墅以自由式居多，这对建筑性质的表达很有作用。现代许多规模宏大的集合式空间，丰富的空间层次，常以循环往复式和立交式的序列线路居多，这与方便功能联系，创造丰富的室内空间艺术景观效果有很大的关系。F.L. 赖特的古根海姆博物馆（图 5-52），以盘旋式的空间线路产生独特的内外空间而闻名于世。

图 5-52　F. L. 赖特的古根海姆博物馆室内

5.7.3.3　高潮的选择

　　在某类建筑的所有房间中，总可以找出具有代表性的、反映该建筑性质特征的、集中一切精华所在的主体空间，常常把它作为选择高潮的对象，成为整个建筑的中心和参观来访者所向往的最后目的地。根据建筑的性质和规模不同，考虑高潮出现的次数和位置也不一样。多功能、综合性、规模较大的建筑，具有形成多中心、多高潮的可能性（图5-53）。即便如此，也有主从之分，整个序列似高潮起伏的波浪一样，从中可以找出最高的波峰。根据正常的空间序列，高潮的位置总是偏后，故宫建筑群主体太和殿和毛主席纪念堂的代表性空间瞻仰厅，均布置在全序列的中偏后，闻名世界的长陵布置在全序列的最后。

　　由波特曼首创共享空间的现代旅馆中庭风靡于世，各类建筑竞相效仿，显然极大地丰富了一般公共建筑中对于高潮的处理，并使社交休息性空间提到了更高的阶段，这样也就成为全建筑中最引人注目和引人入胜的精华所在。例如餐饮那样以吸引和招揽旅客为目的的公共建筑，高潮中庭在序列的布置中显然不宜过于隐蔽，相反的希望以此作为显

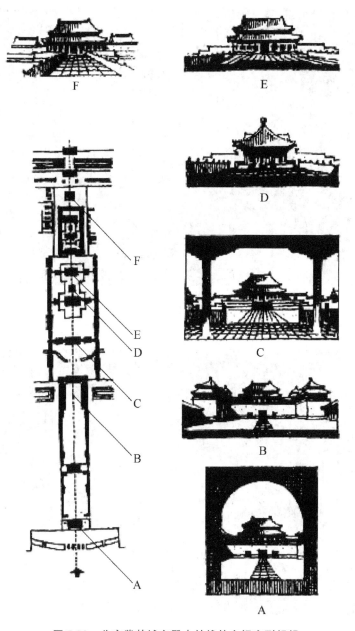

图 5-53　北京紫禁城宫殿中轴线的空间序列组织

示该建筑的规模、标准和舒适程度的体现，常布置于接近建筑入口和建筑的中心位置，如图5-54、图 5-55。这种在短时间出现高潮的序列布置，因为序列短，没有或很少有预示性的过渡阶段，使人由于缺乏思想准备，反而会引起出其不意的新奇感和惊叹感，这也是一般短序列章法的特点。由此可见，不论采取何种不同的序列章法，总是和建筑、室内的目的性一致的，也只有建立在客观需要基础上的空间序列艺术，才能显示其强大的生命力。

综上所述，空间序列的组织实质上就是综合运用衔接与过渡、对比与变化、引导与暗示等一系列空间处理手法，把各个空间组织在一起，成为一个有序而又富于变化的多样统一的空间集合。

图 5-54　穹顶所在位置为内部序列高潮

图 5-55　比利时 Médiacité 购物中心的波浪形钢质屋顶

本 章 小 结

本章讲述了室内空间的设计类型、组合方式、分隔与联系、过渡与引导、渗透与层次、对比与变化及空间的序列。从多个角度把空间设计的方法归类且发散详细论述。

习　　题

根据一个固定室内空间，从多种角度设计。可参考图 5-56～图 5-63。

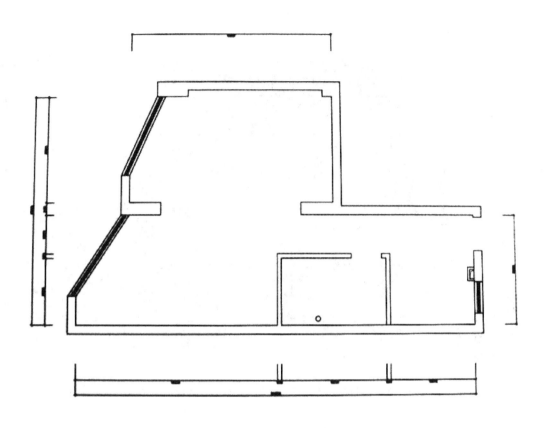

图 5-56　原始平面图

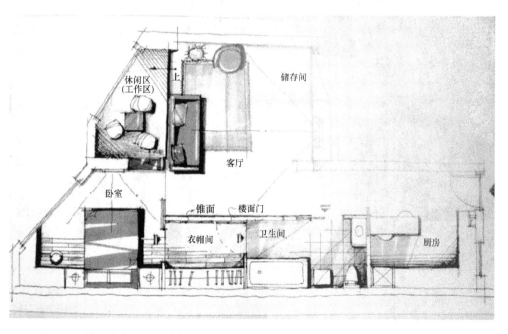

图 5-57　第一个方案：卫生间是两面通的，卫生间的镜面门与衣帽间镜面墙合二为一

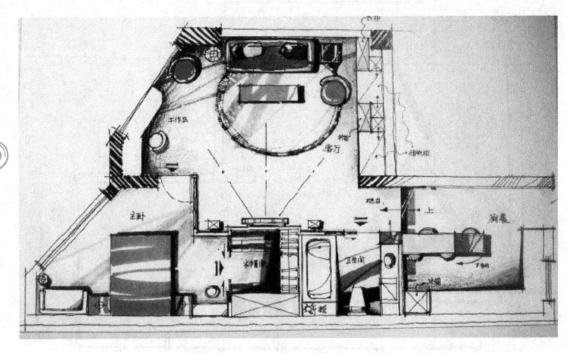

图 5-58　第二个方案：储物柜为电视背景创造好的条件，同时满足了储物柜的多功能性

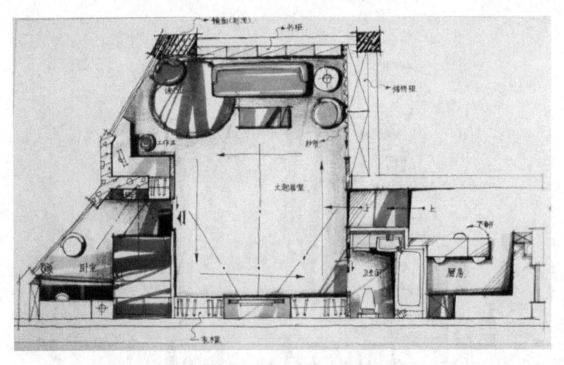

图 5-59　第三个方案：超大客厅，给自由的人

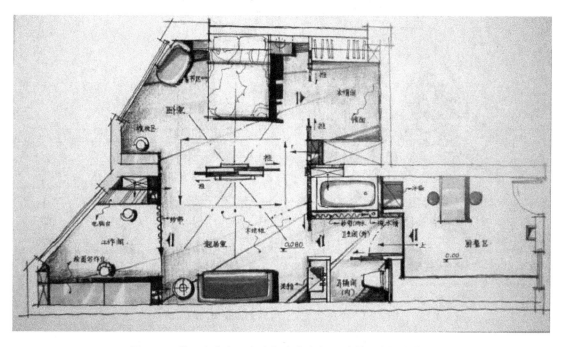

图 5-60　第四个方案：自由组合的空间及过道卫生间的特色

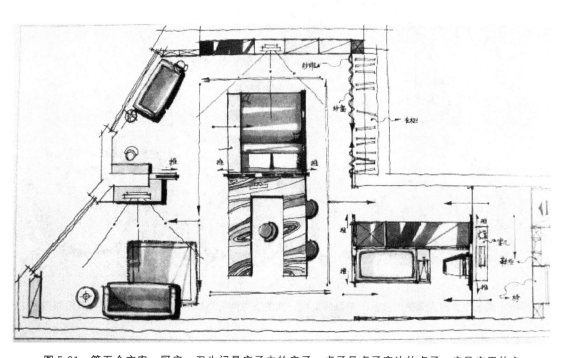

图 5-61　第五个方案：厨房、卫生间是房子中的房子，桌子是桌子旁边的桌子，床是床里的床

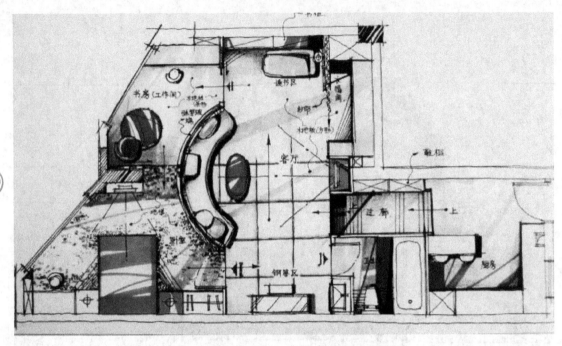

图 5-62　第六个方案：时间上重叠使用的书房

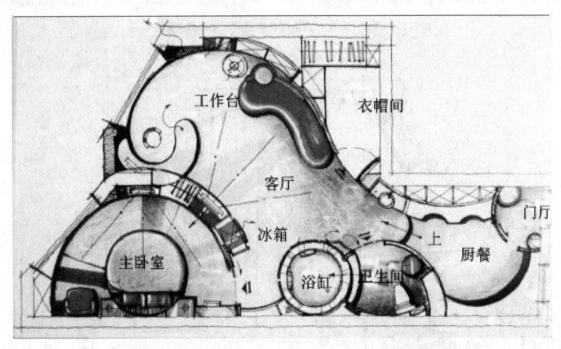

图 5-63　第七个方案：圆弧的玄关，圆弧的厨房，圆的卫生间与浴缸，圆的工作台，圆的房间和圆的床

第 6 章

建筑装饰界面设计

　　抽象的空间要素点、线、面、体，在环境艺术设计的主要实体建筑中表现为客观存在的限定要素。建筑就是由这些实在的限定要素——地面、顶棚、四壁围合成的空间，就像是一个个形状不同的空盒子。把这些限定空间的要素称为界面。界面有形状、比例、尺度和式样的变化，这些变化造就了建筑内外空间的功能与风格。使建筑内外的环境呈现出不同的氛围。

6.1 界面设计概述

6.1.1 界面设计的内容

　　人们使用和感受建筑装饰空间，但通常直接看到其至触摸到的则为界面实体。因此，界面设计从界面组成角度又可分为：顶界面——顶棚、天花设计；底界面——地面、楼面设计；侧界面——墙面、隔断的设计三部分。

　　界面设计还需要与建筑装饰的设施、设备予以周密的协调（图 6-1），如界面与风管

图 6-1　宜家 IKEA 卖场商品展示

尺寸及出、回风口的位置，界面与嵌入灯具或灯槽的设置，以及界面与消防喷漆、报警、通信、音响、监控等设施的接口关系等。

6.1.2　建筑装饰界面的功能特点

（1）共同特点

① 耐久性及使用期限。

② 耐燃及防火性能（现代建筑装饰应尽量采用不燃及难燃性材料，避免采用燃烧时释放大量浓烟及有毒气体的材料）。

③ 无毒性（指散发气体及触摸时的有害物质低于核定剂量）。

④ 无辐射（如某些地区所产的天然石材，具有一定的氡放射剂量）。

⑤ 易于制作安装和施工，便于更新。

⑥ 必要的隔热保暖、隔声吸声性能。

⑦ 装饰及美观要求。

⑧ 相应的经济要求。

（2）各类界面的功能特点

① 底面（楼、地面）——耐磨、防滑、易清洁、防静电等。

② 侧面（墙面、隔断）——挡视线，较高的隔声、吸声，保暖、隔热要求。

③ 顶面（平顶、天棚）——质轻，光反射率高，较高的隔声、吸声、保暖、隔热要求。需经济、合理。

6.2　垂直面——墙面、隔断的设计

6.2.1　垂直面设计内容

垂直面一般是指建筑装饰空间的墙面及竖向隔断，往往是在人的视线中占比重最大、空间中最活跃、视觉感觉最强烈的部分（图6-2～图6-4）。在墙面处理中，大至门窗，小至灯具、通风孔洞、线脚、细部装饰等，只有作为整体的一部分而互相有机地联系在一起，才能获得完整统一的效果。

6.2.1.1　墙面造型设计

墙面造型或形态设计最重要的是虚实关系的处理。一般门窗、漏窗为虚，墙面为实，因此门窗与墙面形状、大小的对比和变化往往是决定墙面形态设计成败的关键。例如把门、窗纳入到墙面的竖向分格或横向分格的体系中去，这样一方面可以削弱其孤立感，同时也有助于建立一种秩序（图6-5）。

通过墙面图案的处理来进行墙面造型设计。可以对墙面进行分格处理，使墙面图案肌理产生变化；或采用壁画、绘有各种图案的墙纸和面砖等手段丰富墙面设计；还可以通过几何形体在墙面上的组合构图、凹凸变化，构成具有立体效果的墙面装饰（图6-6，图6-7）。有时整面墙用绘画手段处理，效果独特。内容合适和内涵丰富的装饰绘画，既丰富了视觉感受，又能在一定程度上强化主题思想。

图 6-2　家居小配件卖场墙面

图 6-3　墙贴在垂直面的应用

图 6-4　四种墙纸在墙面的装饰效果

图 6-5　门与墙面统一设计

图 6-6　镂空墙体在餐饮空间的运用

图 6-7　墙面连续重复镂空图案（参见彩图）

墙面造型设计还应当正确地显示空间的尺度和方向感，不恰当的虚实对比关系、墙面分格形式、肌理尺度，都会造成错觉并歪曲空间的尺度感和方向感。在一般情况下，低矮空间的墙面多适合于采用竖向分割的处理方法，高耸空间的墙面多适合于采用横向分割的处理方法，这样可以从视觉、心理上增加和降低空间高度。此外，横向分割的墙面常具有水平方向感和安定感，竖向分割的墙面则可以使人产生垂直方向感、兴奋感和高耸感。

6.2.1.2 细部构件的装饰设计

柱与梁是建筑空间虚拟的限定要素。它们之间存在的场构成了通透的平面，可以限定出立体的虚空间。

（1）柱子 柱子装饰一般分为柱头、柱身、柱基础三部分，现代建筑的建筑装饰柱子一般把柱头和柱身作为重点装饰部位，柱基础部分只做简单处理。为了分隔空间，还有专门为装饰设的装饰柱，这种柱子往往形式多样，造型别致，起到很好的装饰效果。

现代建筑对柱子的装饰更是丰富多彩。一般来说，承重柱在建筑装饰空间中主要有两

图 6-8　建筑装饰游泳池里面的柱子装饰设计

图 6-9　过渡空间的柱子

种处理手法：一种是在空间中有 1～2 根柱子临空时，柱子作为空间的重点装饰；另外一种是当建筑装饰空间较大有多个柱子成排时（图 6-8，图 6-9），以有很强韵律感的柱列形式装饰柱子。

（2）壁炉　壁炉（图 6-10），原为欧洲国家建筑装饰取暖设施，也是建筑装饰的主要装饰部件。在起居建筑装饰的壁炉周围，往往布置休息沙发、茶几等家具，供家人团聚、朋友聚会。可形成一种温馨浪漫的建筑装饰气氛。例如法国罗浮宫内的壁炉，除了选用上等的石材以外，还有许多雕刻精细的石雕人物塑像、丰富的折枝卷草纹饰，环绕在壁炉的周围和墙面的装饰用金线勾勒，台面上还摆放着高级陈设品，综合陈设效果和建筑古老式样非常和谐。而今，建筑装饰

图 6-10　壁炉

环境虽有现代化的取暖设施，但壁炉作为西方文化习俗，作为一种装饰符号却一直被沿用着。

（3）栏杆　栏杆作为楼梯、走廊、平台等处的保护构件（图 6-11），也成为一种有效分隔空间的艺术手段。例如中国古典建筑中于走廊或水榭等处设的"美人靠"坐式栏杆，就是结合坐面的一种栏杆形式。

图 6-11　铁艺栏杆

《住宅设计规范》对栏杆的设计提出的要求如下。

① 规定的对象是临空处的栏杆，如阳台、外廊、内天井、上人屋面及楼梯栏杆。

② 栏杆的设计应防止儿童攀登，不得采用可踏步的水平栏杆。

③ 垂直杆件间的净距离不应大于 0.11m，按照人体工程学原理可防止儿童钻出。

④ 栏杆离地面或屋面 0.1m 高度内不应留空，主要为防止水和杂物直接从杆件离地面的空隙盲目排泄和坠落，影响下层或地面的安全和环境。

⑤ 栏杆设计应经过计算，能够承受规范规定的水平荷载。

⑥ 对低层、多层住宅栏杆的高度不应低于 1.05m；对中高层、高层住宅则不应低于 1.10m。这主要是根据人体重心稳定和心理要求，栏杆高度随建筑高度的增加而增加。栏杆的高度应以净高计算，即从可登踏面算起。

6.2.2　垂直面设计形式

（1）壁龛式（凹壁式）　在墙面上每隔一定距离设计成凹入式的壁龛，使墙面有规律

图 6-12　卧室墙面凹壁设计

图 6-13　客厅墙面的凹壁配壁画

地凹凸变化。这种墙面一般在建筑装饰空间或面积较大时采用，或在两柱中间结合柱面装饰设壁龛。壁龛也可做成具有古典风格的门窗洞的造型（图 6-12～图 6-14）。

（2）壁画装饰墙面　在面积较大的墙面上挂上风格一致、大小不一、聚散有致的壁画，像夜空的繁星一样使墙面熠熠生辉。或在墙上悬挂或绘制大型壁画（图 6-15），来表现一定的主题，使空间充满壁画所表现的艺术魅力。

图 6-14　餐厅墙面凹壁设计

图 6-15　墙面彩绘（参见彩图）

图 6-16　主题装饰墙面

图 6-17　植物花卉装饰墙面

（3）主题性墙面　一般用于住宅客厅中的电视背景墙、办公空间入口、接待厅的公司标志墙或其他主题墙面。设计时首先分析人流路线，主题墙面要选在人们注视时间较长的墙面上（图6-16）。

（4）绿化墙面　有的建筑装饰墙面由乱石砌成，可在墙面上悬挂植物，或采用攀缘植物，再结合地面上的种植池、水池，形成一个意境清幽、赏心悦目的绿化墙面（图6-17）。

6.3　顶界面——顶棚设计

6.3.1　顶界面的设计形式

顶棚以向下放射的场构成了建筑完整的防护和隐蔽性能，使建筑空间成为真正意义上的建筑装饰（图6-18，图6-19）。

顶面是指建筑装饰空间的顶界面，也称为"天花板"，从与结构的关系角度，一般它的主要形式有两种：一种是让结构暴露出来，作为顶棚；另一种是在楼板和屋顶的底面，用各种不同的材料直接和结构框架连接，或在结构框架上吊挂，即做吊顶。

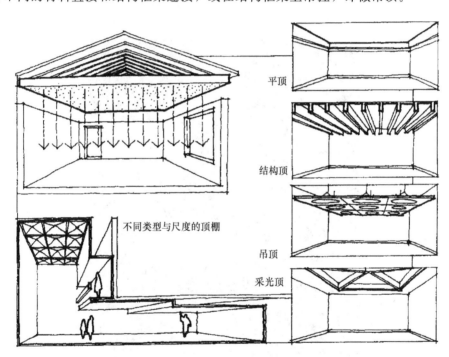

图6-18　不同类型与尺度的顶棚

6.3.1.1　暴露结构类

暴露结构顶棚一般是指在原土建结构顶棚的基础上加以修饰得到的顶棚形式，结构构件全部外露，不需要另做吊顶对结构顶棚加以掩饰（图6-20）。

（1）大跨度结构顶棚　顶棚现代大空间建筑设计经常采用各种钢结构的顶棚设计。广泛应用于体育馆、展览馆、宾馆中庭、候车厅（图6-21）等建筑的顶棚上。可以取得大空间、采光好、艺术性强的效果。

图 6-19　墙与顶的弧线过渡（参见彩图）

图 6-20　结构也是一种装饰

（2）工业化情调顶棚　在有些建筑装饰顶棚中有各种的管道和设备，这些裸露的设备管线在精心修饰后，不再做任何顶棚吊顶，突出工业化设计的情调。这一类顶棚常见于大型仓储式购物中心、餐饮、酒吧，甚至有些办公、会议、公寓等空间内也采用。

图 6-21　西班牙马德里新航站楼

（3）坡屋顶木结构顶棚　建筑装饰坡屋面暴露着木结构顶棚。对看惯了钢筋混凝土平屋顶建筑装饰空间的现代人来说，木结构坡屋顶的内空间的确是一种令人向往的空间类型。该类顶棚常见于小型木结构的建筑屋架（图 6-22，图 6-23），还有一些是利用原有木结构坡屋顶进行改造后使用的顶棚。

图 6-22　木装饰坡屋顶

（4）普通砖混结构顶棚　在这类建筑的建筑装饰设计中，以暴露原结构顶棚为主，辅以极少的吊顶及线条，这样既可以取得一定的艺术效果，又可以最大限度地利用建筑装饰空间。主要以建筑装饰空间较矮的住宅建筑为主。

图 6-23　人工照明与坡屋顶结构结合

6.3.1.2　局部吊顶类

（1）以功能性为主的局部吊顶　以功能性为主的局部吊顶是为了避免建筑装饰的顶部有水、暖、气管道直接进入视野，而且房间的高度又不允许进行全部吊顶的情况下采用的一种局部吊顶的方式。还有一种功能性的局部吊顶主要是为了在开敞性空间遮蔽阳光和雨水（图 6-24）。

图 6-24　阳台的活动式遮阳棚

图 6-25　局部吊顶

（2）以装饰性为主的局部吊顶　以装饰性为主的局部吊顶是在天棚上部做部分的顶棚造型，达到最简洁的顶棚造型形式。这种局部吊顶形式通常以吊边棚为常见，设计中棚井部分采用原来的结构棚面（图6-25）。

6.3.2　吊顶种类

6.3.2.1　平顶式

平顶式是吊顶后的顶棚表面平面无标高变化，外观上无明显凸凹变化的吊顶形式。这种顶棚形式构造单一、施工方便，表面简洁大方，整体感明快。

6.3.2.2　灯井式

灯井式是在吊顶平面的局部做出标高变化，形成藻井的一种吊顶类顶棚形式。

由于它是顶棚吊顶局部棚底标高升高产生的顶棚形式，局部升高平面常布置灯具，所以称之为灯井式。灯井式的平面样式变化很多，可设计成方形、长方形、圆形、自由曲线、多边形等很多顶棚形式（图6-26）。

灯井式可以有很多变异的造型。最常见的是将灯井设计成台阶式，即所谓的多层叠级式的灯井形式。灯井式的另一种变化形式是设计反光灯槽。如果把灯井口悬挑，内藏灯光，就形成了反光灯槽这种顶棚形式，反光灯槽内如果藏有照明灯具，就可以形成隐蔽光源。灯井式顶棚在有高差的灯井处也可以做成格栅或灯箱形成发光顶棚。

常见做法是龙骨和玻璃组成饰面，顶棚内藏照明灯具，透过玻璃形成均匀照明，一般玻璃面常设计成较大面积，故形成发光天棚。

图6-26　灯井式吊顶

图6-27　节奏性与图案性强烈的顶棚设计（参见彩图）

6.3.2.3 悬吊式

悬吊式是由顶棚吊顶局部标高降低产生的顶棚形式。由于是在一次吊顶的基础上再次吊顶，所以悬吊式又称为二次吊顶。

这种吊顶形式局部降低空间，形成有收有放的空间形式，并使局部形成小空间，感觉很亲切，私密性较强，使大空间中形成了局部变化的虚拟空间。

6.3.2.4 韵律式

（1）井格式　井格式是由纵横交错的井字梁构成的吊顶形式。从外观看，这种顶棚形式节奏性强、图案性强（图 6-27）。

（2）格栅式　格栅式是由格栅片有规律地分布形成的吊顶形式。格栅片一般用轻钢、铝合金等材料加工而成，也有些格栅片是由施工单位现场木作而成，充分展现了设计者个性化的设计风格。

（3）散点式　散点式是指在天棚吊顶设计中重复使用单一图案造型的吊顶形式。浦东国际机场航站楼就是一个成功的例子。此航站楼出发大厅吊顶采用蓝色金属穿孔板，屋顶上开有方形天窗，支撑屋架的白色金属杆自天窗穿出，形成一个个散点式的图案。

（4）悬浮式　在一些建筑装饰层高较高空间中，由于建筑装饰空间足够的宽敞，有一定的吊顶空间，这样的条件给设计者提供了一个设计想象空间。在有些建筑装饰实例中，设计者将吊顶作成曲线面，使吊顶更有立体感，创造出看似流动的悬浮吊顶。

6.4　底界面——地面设计

地面作为空间的底界面，也是以水平面的形式出现。由于地面需要用来承托家具、设备和人的活动，因而其显露的程度是有限的。从这个意义上讲，地面给人的视觉影响要比顶棚小一些。但从另一角度看，地面又是最先被人的视觉所感知，所以它的形态、色彩、质地和图案将直接影响建筑装饰气氛。

地面是建筑空间限定的基础要素，它以存在的周界限定出一个空间的场。地面，是指建筑装饰空间的底界面或底面，一般建筑上称为"楼地面"，包括楼面和地面。地面一般有三种构成方式：水平地面、抬高地面和下沉地面。

6.4.1　水平地面

水平地面整体性比较强，在平面上没有明显高差，因此具有良好的空间连续性和空间模糊性。在具体的相邻空间中，采用不同地面的色彩或材质来增强可识别性或领域感。在设计中要注意以下几个方面。

（1）质地划分　质地划分主要是根据建筑装饰的使用功能特点，对不同空间的地面采用不同质地地面材料的设计手法，也可以称其为功能性划分。

（2）导向性划分　在有些建筑装饰地面中常利用不同材质和不同图案等手段来强调不同使用功能的地面形式。首先是采用不同材质的地面设计，使人感受到不同空间的存在。其次是采用不同图案的地面设计来对客人起到导向性作用。

（3）艺术性划分　设计者对地面进行艺术性划分是建筑装饰地面设计重点要考虑的问题之一。例如在宾馆的大堂设计一组石材拼花地面，既可以取得一些功能上的效果，还可以取得高雅华贵的艺术效果。

在一些休闲、娱乐空间的建筑装饰地面设计中，有些设计师将鹅卵石与地砖拼放在一起布置地面，凹凸起伏的鹅卵石与地砖在照明光线下有着极大的反差。

6.4.2 抬高地面

抬高地面是指将空间中部分地面抬高，从而形成两个标高不同的空间，丰富了空间的层次。被抬高的空间在视觉上更加突出和醒目，成为整个空间的视觉焦点，所以具有明显的展示性和陈列性。例如在住宅设计中，设计者将茶室和客厅用地台设计的手法加以划分（图 6-28），赋予空间一定的变化性。

图 6-28 抬高空间

6.4.3 下沉地面

下沉地面与抬高地面完全相反，是将空间中部分的垂直面下沉来限定不同的空间范围。这种空间也能很大程度上丰富空间的层次，并通过材质、质感、色彩等元素的处理增强空间的个性，使之与众不同。另外这种空间具有很强的保护性和内向性，常用来作为休息和会客场所。

本 章 小 结

本章主要讲解了建筑装饰界面（具体包括垂直面、顶界面和底界面）的设计形式与方法。通过对过往典型案例的分析总结，使学习者对界面的基本设计方法有所了解，同时，为新的创造性设计积累素材。

1. 垂直面设计的内容包含哪些?
2. 底界面设计的手法有哪些?
3. 请对下面的案例（图6-29，图6-30）做界面的分析，并写出分析报告。

图6-29　Tautra 修道院，挪威
（Jensen & Skodvin Arkitektkontor 设计）

图6-30　布里斯班的一座购物中心安装
冬季花园立面（参见彩图）

建筑装饰家具设计

家具是人们生活的必需品，不论是工作、学习、休息，或坐、或卧、或躺，都离不开相应家具的依托。此外，在社会、家庭生活中的许多各式各样、大大小小的用品，也均需要相应的家具来收纳、隐藏或展示。因此，家具在建筑装饰空间中占有很大的比例和具有很重要的地位，对建筑装饰环境效果起着重要的影响。

家具的发展与当时社会的生产技术水平、政治制度、生活方式、风格习俗、思想观念以及审美意识等因素有着密切的联系。家具的发展史也是一部人类文明进步的历史缩影。

随着我国改革开放事业的蓬勃发展和人们生活水平的日益提高，市场上涌现出一大批新材料、新结构、品种繁多的新式家具。这些家具按不同的标准，可划分为不同的类别。

7.1 根据使用功能的不同分类

家具的实用性是家具的基本属性之一，所以根据其基本功能的不同可分为人体家具、储物家具和装饰家具三种类型。

图 7-1 闺蜜聊天空间

图 7-2 舒适度极高的单人沙发

7.1.1 人体家具

人体家具是指与人体发生密切关系的家具。它既包括直接支撑人体的椅、凳、床、沙发等（图 7-1～图 7-3），同时又包括与人的活动直接相关的家具，如茶几、桌子、柜台等，虽然它们不全部用来支撑人体，但人们要在它们的上面工作、活动。人体家具是最基本、最常见的家具，使用范围也是最广的。

7.1.2 储物家具

储物家具主要是指储存物品的柜、橱、箱、架等家具，如书柜、衣橱、酒柜等。储物家

图 7-3 椅子与茶几

图 7-4 卧室储物家具

图 7-5 客厅储物家具

具主要考虑的是如何满足不同物品的存放要求及与使用者的关系。储物家具在居住空间中占有较大的份额，有些住宅中将它与建筑较好地结合，与建筑融为一体（图 7-4～图7-6）。

7.1.3 装饰家具

装饰家具是以美化空间、装饰空间为主的家具，如博古架、屏风、装饰柜等。装饰家具除了具有一定的实用功能外，还在分隔空间、增进层次方面具有相当大作用（图 7-7，图 7-8）。

图 7-6 餐饮空间食品柜（参见彩图）

图 7-7 以装饰为主的书柜，起隔断空间作用

图 7-8　分隔餐厅与客厅的装饰墙（美观，整体）

7.2　根据使用材料的不同分类

　　随着当今科学技术的发展，家具的制作材料也在向多元化发展，已经打破了以木材为主的家具生产工艺。根据使用材料的不同，可以分为木质家具、金属家具、竹藤家具、塑料家具和软垫布革面家具。

7.2.1　木质家具

　　木质家具主要指用原木和各种木制品如胶合板、纤维板、刨花板等制作的家具。木材是传统家具的主要用材，其取材方便，易于加工制作，质感柔和，纹理清晰，便于造型，易于创造环境气氛，在家庭和宾馆中常见。目前木质家具仍是家具中的主流。木材质轻，强度高，易于加工，而且其天然的纹理和色泽，具有很高的观赏价值和良好手感，使人感到十分亲切，是人们喜欢的理想家具材料。自从弯曲层积木和层压板加工工艺的发明，使

图 7-9　美式田园风格做旧橡胶木茶几

木质家具进一步得到发展，形式更多样，更富有现代感，更便于和其他材料结合使用。常用的木材有柳桉、水曲柳、山毛、柚木、红木、花梨木等（图7-9）。

7.2.2　金属家具

金属家具是指直接用金属材料采用一定工艺制成的金属框架，与其他材料如玻璃、木材、塑料、帆布等组合而成的家具。这种家具的特点是充分利用不同的材料特性，合理运用于家具的不同部位，并通过金属材料表面的不同色彩和质感的处理给人以简洁大方、轻盈灵巧之感，使其极具现代感（图 7-10）。

图 7-10　巴塞罗那椅（密斯·凡德罗设计）

7.2.3　塑料家具

塑料家具是以塑料为主要材料制成的家具。市场上常见的塑料家具是用硬质塑料模压成型的，具有质轻、高强、耐水、表面光洁、易成型等特点。所以塑料家具在色彩和造型上均有独特风格。与其他材料如帆布、皮革等相互并用更能创造独特效果（图 7-11）。

7.2.4　软垫布革面家具

软垫布革面家具是用弹簧、海绵和布料等多种材料组合而成的。它常以其他材料为骨架，如铁、木、塑料等。软垫家具最常用于人体类家具的床、凳、椅、沙发等，它能增加人体与家具的接触面，从而避免或减轻了人体某些部位由于着力过于集中而产生的酸痛感，使人体在休闲时得到较大程度的松弛。软垫家具的造型及面料的图案和色彩都能给人以温馨华贵的感觉（图 7-12）。

7.2.5　藤、竹家具

藤、竹材料和木材一样具有质轻、高强和质朴自然的特点，而且更富有弹性和韧性，宜于编织。竹制家具又是理想的夏季消暑使用家具。藤、竹、木棉有浓厚的乡土气息，在建筑装饰上别具一格。常用的竹、藤有毛竹、淡竹、黄枯竹、紫竹、莉竹及广藤、土藤等。但各种天然材料均需按不同要求进行干燥、防腐、防蛀、漂白等加工处理后才能使用（图 7-13～图 7-16）。

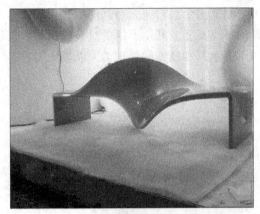

图 7-11　硬质塑料椅与麻质材料搭配

图 7-12　胎椅（沙里宁设计作品）

图 7-13　藤椅

图 7-14　藤类家具

图 7-15　竹类家具（伯纳德·屈米作品——竹语）　　　　图 7-16　竹类家具

7.3　根据结构形式的不同分类

根据结构形式的不同，家具可分为框架式家具、板式家具、折叠家具、拆装家具、充气家具和注塑家具等。

7.3.1　框架式家具

凡是主要骨架由框架构成的都称为框架式结构家具。框架式家具主要以传统木家具为主，其具有坚固耐用的特性，常用于柜、箱、桌、椅、床等家具（图 7-17）。这种家具用料较多，不太适合于工业化的大批量生产，所以逐渐被板式家具所取代。

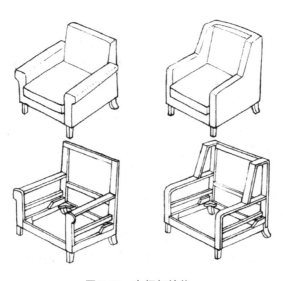

图 7-17　木框架结构

7.3.2 板式家具

板式家具是用各种细木工板和人造板粘接或用连接件连接在一起，不需要骨架，板间连接又可采用活动连接件。这不但简化了结构工艺，而且便于加工、涂漆的机械化和自动化。在造型上也有线条简洁、大方的优点（图7-18）。

图 7-18　板式家具

7.3.3 折叠家具

能折叠起来的家具称为折叠式家具。它的特点是占地少、体积小，移动、堆积和运输等都比较方便。常用于面积较小的场所或具有多种使用功能的场所（图7-19）。

7.3.4 拆装家具

拆装家具的特点是家具的成品按照便于运输的原则可以拆成若干部件，部件间靠金属连接器、塑接器、螺栓式木螺丝连接。必要的地方还有木质圆榫定位，部件间可以多次拆开和安装。拆装家具的运输和储藏都很方便。

7.3.5 充气家具

家具的主体采用一个不透气的胶囊，省却其他的构造，其特点是重量轻、用材少、新颖别致。但这类家具的局限性在于防火、防刺等方面，这些方面还有待于提高。充气家具的基本构造为聚氨基甲酸乙酯泡沫和密封气体，内部是空气空腔，可以用调节阀调整到最理想的座位状态（图7-20）。

此外，在1968～1969年，国外还设计有袋状座椅（saccular seat）。这种革新座椅的构思是在一个表面灵活的袋内，填聚苯乙烯颗粒，可成为任何形状。另外还有以玻璃纤维肋支撑的摇椅。

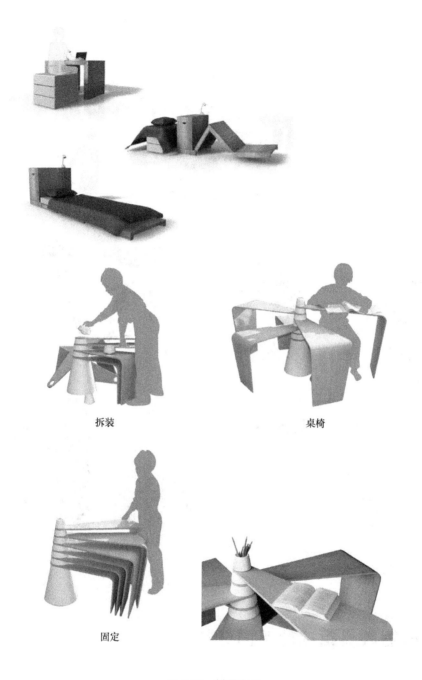

拆装   桌椅

固定

图 7-19　折叠家具

7.3.6　注塑家具

注塑家具是采用硬质和发泡塑料，用模具浇筑成型的塑料家具，整体性强，是一种特殊的空间结构。目前，高分子合成材料品种繁多，性能不断改进，成本低，易于清洁和管理，在餐厅、车站、机场中广泛应用（图 7-21）。

图 7-20　充气沙发

图 7-21　日本大师柳宗理设计作品

7.4 根据家具组成的不同分类

7.4.1 单体家具

　　在组合配套家具产生以前，不同类型的家具，都是作为一个独立的工艺品来生产的，它们之间很少有必然的联系，用户可以按不同的需要和爱好单独选购。这种单独生产的家具不利于工业化大批生产，而且各家具之间在形式和尺度上不易配套、统一。因此，后来为配套家具和组合家具所代替。但是个别著名家具，如里特维尔傅的红、黄、蓝三色椅等，现在仍有人乐意使用（图 7-22，图 7-23）。

图 7-22　单体木质家具

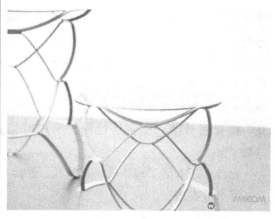

图 7-23　柏林的设计工作室 E27 在"柏林制造"展览期间发表的一款桌子（钢板激光切割制成。设计理念是将二维的平面以三维的概念运用到家具解决方案上）

7.4.2　配套家具

　　卧室中的床、床头柜、衣橱等，常是因生活需要自然形成的相互密切联系的家具。因此，如果能在材料、款式、尺度、装饰等方面统一设计，就能取得十分和谐的效果。配套家具现已发展到各种领域，如旅馆客房中床、柜、桌椅、行李架等的配套，餐室中桌、椅的配套，客厅中沙发、茶几、装饰柜的配套，以及办公室家具的配套等。配套家具不等于只能有一种规格，由于使用要求和档次的不同，要求有不同的变化，从而产生了各种配套系列，使用户有更多的选择自由（图 7-24）。

图 7-24　配套家具（参见彩图）

7.4.3　组合家具

　　组合家具是将家具分解为基本单元，再拼接成不同的形式甚至不同的使用功能。例如组合沙发，可以组成不同形状和布置形式，可以适应坐、卧等要求。又如组合柜，也可由一两种单元拼连成不同数量和形式的组合柜。组合家具有利于标准化和系列化，使生产加工简化、专业化。在此基础上，又产生了以零部件为单元的拼装式组合家具。单元生产达到了最小的程度，如拼装的条、板、基足以及连接零件。这样生产更专业化，组合更灵活，也便于运输。用户可以买回配套的零部件，按自己的需要，自由拼装。

　　此外，还有活动式的嵌入式家具、固定在建筑墙体内的固定式家具、多功能家具、悬挂式家具等类型。

　　橱柜是用作贮藏的主要家具，常见的有衣橱、书橱、文件柜等。现代的组合装饰柜，常作为日常用品的贮藏。利用橱门翻板作为临时用桌，或利用柜子下部空间作为翻折床用。橱柜款式丰富，造型多样，应在符合使用要求的基础上，着力于立面上水平、垂直方向的划分，虚实处理和材质、色彩的表现，使之具有良好的比例。

本 章 小 结

　　本章主要包括人体工程学，及其与各种类型家具设计时的具体尺寸的设计。在家具设计时不光要考虑家具的美观性，同时还要考虑家具使用时的舒适性，这与人体工程学有着密切的联系。学习并掌握人体工程学与家具设计基本原理，为下一步学习家具设计打下基础。最后重点讲到家具分类的方法，以及按照不同的方式分类的典型案例。

习　　题

　　1. 根据所学知识，说出图 7-25 中家具的种类、使用功能、名称、设计风格及大致的尺度。

　　2. 根据图 7-25 中提供的家具绘制平面图、正立面图和侧立面图。

(a)

(b)

(c)

(d)

图 7-25　思考题图片

第8章

建筑装饰陈设设计

8.1　功能性陈设

功能性陈设是指不仅具有一定的实用价值，而且具有一定的观赏价值或装饰作用的实用品，主要包括家具、家电、织物和其他日用品。

8.1.1　家具

家具是建筑装饰陈设艺术中的主要构成部分，它首先是以实用而存在的。具体内容参看本书第7章。

8.1.2　灯具

灯具在建筑装饰陈设中起着照明的作用（图8-1）。从灯具的种类和造型来看作为建筑装饰照明的灯具主要有以下几种。

图8-1　统一设计系列的各种灯具

（1）吸顶灯　吸顶灯是直接安装在顶棚上的灯具，能使空间得到广阔的平面配光。常用于需要均匀照明的起居室、卧室、走廊、楼梯间等空间。但吸顶灯常使空间四角亮度较差，需要考虑与其他照明灯具并用（图 8-2）。

图 8-2　吸顶灯在卧室和客厅的运用

（2）吊灯　吊灯是从顶棚吊下的灯具。根据悬吊灯具的材料不同，有软线吊灯和管子吊灯之分；根据所配光源数量的不同分为普通吊灯和枝形吊灯。普通吊灯通常只有一个灯头，产生一种向心的效果。枝形吊灯是一种多头光源的装饰性灯具，能表现豪华的气氛。因灯多，尺寸大，重量也大。选择灯具时应注意顶棚高度与灯具高度之间的关系，并且安装顶棚需要加固措施（图 8-3～图 8-6）。

（3）壁灯　壁灯安装在墙上或柱子上。悬臂梁式的托架作为主要支撑。建筑装饰的壁灯主要是加强照明、辅助照明及局部照明（图 8-7）。

（4）聚光灯　聚光灯又称投光灯、射灯。一般安装在墙面或顶棚上，主要用来照射绘画、装饰品等。光线具有明显的方向性，并能改变光线的角度，用于建筑装饰能给人以明暗对比强烈的效果。顶棚埋设型聚光灯，能够将洁净的顶棚点缀得星光灿烂（图 8-8，图 8-9）。

图 8-3　小空间吊灯（后现代风格）

图 8-4　长款水晶吊灯在中庭空间的应用

图 8-5　餐厅里的水晶吊灯

图 8-6　类似鸟笼的吊灯
设计产生有趣的光影效果

图 8-7　壁灯

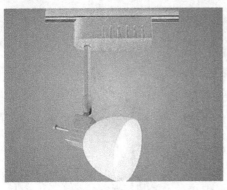

图 8-8　轨道射灯

图 8-9　嵌入式聚光灯

（5）台灯　台灯可分为地面台灯和桌面台灯。地面台灯又称落地灯。桌面台灯一般安装在工作台、学习桌、床头柜上。有的台灯还可以通过万向转筒随意改变光源的位置和光线的投射角度。一般作为建筑装饰局部照明的灯具（图 8-10，图 8-11）。

图 8-10　卧室台灯主要以柔光为主，渲染气氛
（参见彩图）

图 8-11　创意灯具

（6）专用灯具　专用灯具是满足特殊功能要求，创造特殊空间效果所用的灯具。包括水下照明灯、霓虹灯、舞台灯、艺术欣赏灯、混光灯与手术灯等。

（7）应急灯　应急灯照明又称事故照明，是指在正常照明系统因故障断电的情况下，供人员疏散、保障安全或继续工作的照明（图 8-12）。

8.1.3　织物

在现代建筑装饰设计环境中，织物使用的多少，已成为衡量建筑装饰环境装饰水平的重要标志之一。它包括窗帘、床罩、地毯等软性材料。

实用性陈设品直接影响到人们的日常生活，这就要求在总体布置上做到取用方便，相对稳定，与建筑装饰环境协调，营造出建筑装饰空间形式美。

建筑装饰织物主要包括窗帘、床罩、台布、沙发蒙布、靠垫及地毯等。它们除了具有

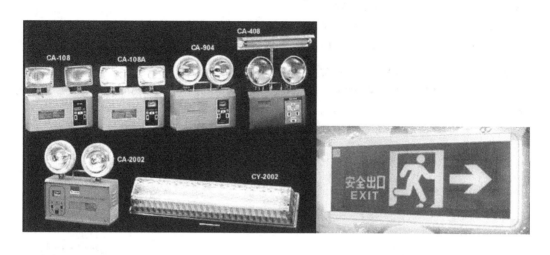

图 8-12　应急灯

实用功能外，还可以起到调整建筑装饰色彩，补充建筑装饰方面的不足，增强建筑装饰的艺术个性的作用。

织物一般质地柔软，手感舒适，易于产生温暖感，使人亲近。天然纤维棉、毛、麻、丝等织物来源于自然，易于创造富于"人情味"的自然空间。从而缓和建筑装饰空间的生硬感，起到柔化空间的作用。同时也增添了建筑装饰空间的色彩。

8.1.3.1　窗帘

窗帘的材料、款式的选用，应以窗帘的实际作用为依据，与建筑装饰主题及风格相协调（图 8-13）。

（1）窗帘的材料种类　竹、珠、塑料、金属薄片等都可做窗帘，作为织物窗帘，主要种类有毛、麻类织物，绒布，薄布料类和网扣类四种。

① 毛、麻类织物布料主要包括粗毛料、仿毛化纤织物和麻编织物等。其特点为质地粗糙，厚实有重量感、温暖感，遮蔽性强，隔声能力强。从其肌理及图案上，还可以体现厚重、古朴的特点。

② 绒布包括平绒、丝绒、条绒、毛巾布等。其特点是厚重，手感好，下垂感强，保温，有较强的遮蔽作用，隔声能力较强。

③ 薄布料类包括较薄的棉、麻、丝、化纤织物等。其特点是质地轻薄，装饰感强，花色品种多，经济实惠，有一定的遮蔽性，隔声能力差。

④ 网扣类布料主要包括棉、麻、化纤织物等。其装饰性极强，但遮蔽性和隔声能力差。

（2）窗帘的款式　从窗帘的形态和使用特征方面看，可分为以下几个类型。

① 单幅式　常用于墙面或窗户较小处，以单向或拢起方式开启。其优点是悬挂、开启方便，常用于卫生间、厨房、门带窗的墙面等。

② 双幅式　窗帘中应用最多的款式，适用于中间开窗或者大窗上。窗帘分左、右两幅，易开启，给人以均衡、平稳感，常用于卧室、宾馆客房中。

③ 束带式　指窗帘上部的悬挂是固定的，窗帘的开启以束带束系，这种方式装饰感

很强，常用于采光面较大的窗户或玻璃幕墙（图8-14）。

④ 半帘式　一般用于采光不足的临街建筑或相对较近的建筑窗户。

⑤ 上启式　优点在于能够灵活地控制建筑装饰光线，可随着早、晚阳光入射角度的变化进行调节，且用料较省。常用于直接受光的房间窗户。

⑥ 百叶式　常用浅色面料制作，具有采光、调光自如，进光柔和等优点，常用于办公场所。

图 8-13　单幅式和半帘式窗帘

家居的窗户装饰，不仅可以使用布艺窗帘，也可以使用百叶窗帘和横卷帘。百叶窗帘又分为横百叶和竖百叶两种，材质有布、亚麻、合成纤维、PVC（聚氯乙烯）、铝合金等；横卷帘的材质也有布、亚麻、合成纤维等。布和亚麻的窗帘比较容易透光，而深色合成纤维、PVC、铝合金的窗帘遮光性较好。百叶窗帘和横卷帘的宽度一般不超过 2 米为宜。

图 8-14　束带式窗帘

有些面材如玻璃纤维、微孔铝合金、亚麻等，遮阳效果很好，透气性也不错，用于做阳台窗帘很适宜。另外，百叶窗帘和横卷帘也适合用在书房和客厅的窗户，书房和客厅需要比较明亮的环境时，选用百叶窗帘或者横卷帘能显得光线充足、气氛明快宜人。儿童房也可以选择百叶窗帘或者横卷帘，有些横百叶窗帘可以加上卡通图案，而整幅的横卷帘也有各种卡通图案，适合用在儿童房。厨房和卫生间使用百叶窗帘和横卷帘，要选择比较耐脏、耐擦洗的材质，比如 PVC 和铝合金。还有一种日夜帘，上部是单层百褶帘，浅色，透光、透气性好，下层是双层风琴帘，使用较深色的银铝底遮光面材，遮光效果能达到 97％左右。白天把单层帘拉开，效果像纱帘一样，夜里把双层帘拉开，一点也不透光。这种日夜帘常用在别墅的天窗上，既不影响白天采光，夜里又不会影响睡眠。

8.1.3.2 床罩与桌布

床罩是现代家庭装饰不可缺少的实用陈设品（图 8-15）。床罩的选用主要是从材料、样式、色彩、图案等方面考虑，在选用过程中首先应与建筑装饰风格相协调，其次根据装饰风格选择不同的面料、色彩、图案，并且与相应的陈设品风格一致。

桌布主要采用布与塑料两种材质，其色彩、图案的选择要与建筑装饰风格协调，还要考虑不同的色彩给人造成的心理感受。明度高、纯度低的色彩易给人以淡雅感；相反，明度低、纯度高的色彩易给人以厚重感、压抑感。餐桌布的色彩应使人们进餐舒适。

图 8-15　四季酒店卧室

8.1.3.3 沙发蒙面、靠垫

沙发蒙面的选用应首先考虑实用性，织物应坚固、耐用；其次色彩、图案、质地应与建筑装饰各装饰物件、装饰风格协调统一。不同材质的蒙面会体现不同的特点，并且适用于不同的环境。例如，皮革与仿皮沙发具有厚重、高贵的特点，适用于比较讲究的会客厅；一般人造革沙发用于气氛轻松、活泼的场所；丝绒、平绒、锦缎等蒙面沙发典雅、华丽，宜采用古典的款式；一般的毛呢、化纤织物蒙面的沙发经济实惠、朴素大方，可用于住宅或者气氛不太隆重的场合。

靠垫是沙发的附件，其形状多为方形与圆形，形状的选择要根据靠垫的实际作用而定，如果是用来倚、靠的，采用方形、圆形都可；放在腰后起到托腰作用的，形状可采用长圆形。其他方面的选用，以沙发造型、蒙面质地、色彩、图案为依据，可加强靠垫对沙发及整体环境的装饰作用，从而使靠垫起到积极的点缀作用。

8.1.3.4　地毯

地毯质地柔软，富有弹性，触觉良好，能保暖并且吸音，是建筑装饰良好的铺地织物。地毯的铺设，应根据建筑装饰结构而进行设计，烘托空间气氛（图 8-16）。在选用的过程中应考虑材料、色彩、图案。

图 8-16　卧室或局部小面积铺设地毯

从材料方面考虑，羊毛地毯弹性好，柔软感强，适宜铺用于卧室或局部小面积铺设；腈纶、丙纶、锦纶等化纤地毯弹性差，较粗糙，光泽差，但耐腐蚀，易清洗，价格低，适宜于客厅和走廊铺设，或者大面积满铺。

地毯的具体使用根据外部条件，可以有如下选择：

图 8-17　中心发散式构图

① 建筑装饰如有轮椅、童车等胶轮车经常活动，应选择不怕压、易清洗的用合成纤维编制的地毯。

② 如在人流量较大的房间铺设地毯，应选择绒头质量高、密度较大而且耐磨损的簇绒、圈绒地毯。

③ 对有幼儿的家庭，应选择耐腐蚀、耐污染、易清洗、颜色偏深的合成纤维编制的地毯。

除材质之外，挑选地毯还可以看图案和花纹：

① 素色地毯，颜色单一，并且一般没有边框装饰。比较适合现代风格的居室使用，给人一种含蓄而沉稳的居室氛围。

② 乱花地毯，多以大花为装饰主题，并配以藤蔓卷草，造成一种无始无终的匀致画面感。比较适合客厅这样的宽敞且布置较复杂的空间。

③ 阵列式地毯，以几何图案为主，并且以一定的几何网络进行布局，色彩浓淡艳素均可。一般比较适合较为时尚的家居环境，而目前，与古典居室的搭配也逐渐成为新的搭配潮流。

④ 古典地毯，从构图上看，各种文化背景的传统地毯设计都遵循着中心发散式构图原则，即往往选择地毯的几何中心位置作为重点装饰图案，然后在边沿位置进行勾边装饰，有的还会在中心与边框之间再做一层装饰图案。由于其图案繁琐，色彩丰富，具有极强的装饰性，故多作为挂毯来装饰墙面（图 8-17）。

作为织物类的地毯可以创造象征性的空间，也称"自发空间"。在同一建筑装饰，有无地毯或地毯质地、色彩不同的地面上方空间，便从视觉上和心理上划分了空间，形成了领域感。比如大宾馆、大饭店的一层门厅，提供旅客办理住宿手续、临时小憩往往用地毯划分区域，用沙发分隔出小空间供人们休息、会客，而未铺设地毯的地面，往往作为流通和绿化的空间。豪华的总统客房往往再铺满地毯的上方，在会客的环境区域再铺上精致的手工编织地毯，除了起到划分空间的作用外，同时也形成建筑装饰的重点，或成为建筑装饰重点。

8.1.4 家用电器类

家用电器类主要包括电视机、音响设备、洗衣机、电冰箱、微波炉等。在对其进行陈设布置过程中应首先考虑实现其实用功能，并且使建筑装饰环境形成统一和谐的整体。

（1）电视机 电视机的布置应首先实现其实用功能，为使人的视觉舒适，荧光屏的中心点应距离地面 600～900mm 之间，视距一般为荧光屏尺寸的 8～10 倍（表 8-1），水平视角不超过 80°。电视机应安放在通风良好、干燥并且灰尘较少的位置上（图 8-18）。

表 8-1 电视机最佳收看距离

电视机规格/in	最佳收看距离/m
9	1.15
12	1.50
14	1.80
18～20	2.50
22～24	3.00

注：1in=0.0254m。

图 8-18　电视与家具的整体协调

（2）音响设备　音响设备的设置，应考虑声学原则。在陈设过程中，要注意建立有效的收听区，收听区由两个音箱组成时，音箱放置于大于或等于 50°夹角线附近，与收听区之间应无遮挡物，音箱的中心高度应当与视平线高度相同。

（3）电冰箱、微波炉、洗衣机　这类家电属于具有特殊用途的家电。电冰箱、微波炉为方便使用应摆放在厨房，并且注意通风散热、用电安全。电器规格大小的选择应与空间

图 8-19　电冰箱与储物柜的结合设计

大小相适宜。洗衣机布置要考虑水源和排水问题，并尽可能减少噪声的影响（图 8-19）。

8.1.5 日用器皿

日用器皿主要包括茶具、餐具、酒具等。在陈列摆放过程中要注意，选用器皿的质感（陶瓷、玻璃、金属）、色彩、样式与建筑装饰主题相一致，营造出一个协调的氛围。陈列摆放的种类不宜过多，要考虑主次层次关系，不要给人以堆放、凌乱的感觉（图 8-20～图 8-23）。

图 8-20　落地烛台

图 8-21　"看报纸的杯具"

图 8-22　高脚玻璃杯与造型别致的水壶

8.1.6 音乐、体育运动器材

音乐、体育运动器材类陈设能体现主人的爱好和情操。音乐器材的造型能够使空间具有一定的音乐氛围。常用的音乐器材有钢琴、古琴、古筝等。体育器材则会营造出一种刚劲强健的生命律动的建筑装饰情调，处理这类器材的空间应以此为主（图 8-24）。

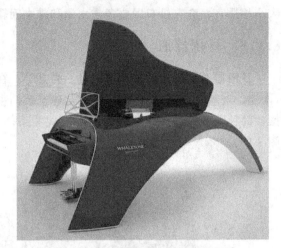

图 8-23 化妆台的花纹镶边镜子、香精油烛台、香水瓶等摆件

图 8-24 海上钢琴师，超酷钢琴设计

8.1.7 五金配件

传统的五金制品，也称"小五金"，是指铁、钢、铝等金属经过锻造、压延、切割等物理加工制造而成的各种金属器件，如五金工具、五金零部件、日用五金、建筑五金以及安防用品等（图 8-25）。

图 8-25 五金配件

8.2 装饰性陈设

装饰性陈设，是指本身没有实用价值而纯粹用来观赏的装饰品，主要包括艺术品、工艺品、纪念品、收藏嗜好品和观赏性动、植物等。装饰植物引进建筑装饰环境中不仅起到

装饰的效果，还能给平常的建筑装饰环境带来自然的气氛。根据南北方气候的不同和植物的特性，在建筑装饰放置不同的植物。通过它们对空间占有、划分、暗示、联系分隔从而化解不利因素。格调高雅、造型优美、具有一定文化内涵的陈设品使人怡情悦目、陶冶情操，这时陈设品已超越其本身的美学界限而赋予建筑装饰空间以精神价值。

如在书房中摆设根雕、中国画、工艺造型品、古典书籍、古色古香的书桌书柜等。这些陈设品的放置营造出一种文化氛围，使人们以在此学习为乐，进一步激发人们的求知欲。在这样的环境中人们会更加热爱生活。可以看到很多艺术工作者在自己的建筑装饰空间放置既有装饰性又有很高艺术性的陈设品，主要包括绘画、书法、挂屏、壁饰等。其主要作用是充实墙面，均衡建筑装饰空间的构图。

8.2.1　墙壁悬挂装饰

墙面是视觉停留最长的区域，因此装饰类陈设的最佳位置也在墙面上（图 8-26）。

图 8-26　动物角和装饰画

装饰画的中心线在视平线的高度上，能起到很好的装饰效果。在选择装饰画时要考虑摆放的位置及与被装饰物体的比例关系，例如在沙发上的装饰画的面积，是否过大，造成头重脚轻。装饰画的宽度最好略窄于沙发，可以避免头重脚轻的错觉。沙发旁边的书柜、壁柜、落地灯或是窗户，可作为挂画的参考。例如，参考书柜的高度和颜色，可选择同样颜色的画框，挂画高度与书柜等高，让墙面更具有整体感。以下介绍几种装饰画的挂法。

（1）对称挂法　这种挂法简单易操作。图片的选择，最好是同一色调或是同一系列的图片，效果最好。

（2）均衡挂法　装饰画的总宽比被装饰物略窄，并且均衡分布。图片建议选择同一色调或是同一系列的内容。

（3）重复挂法　在重复悬挂同一尺寸的装饰画时，画间距最好不超过画的 1/5，这样能具有整体的装饰性，不分散（图 8-27）。多幅画重复悬挂能制造强大的视觉冲击力，不适合房高不足的房间。

图 8-27　重复挂法

（4）水平线挂法　下水平线齐平的做法，随意感较强。图片最好表达同一主题，并采用统一样式和颜色的画框，整体装饰效果更好。上水平线齐平的做法，既有灵动的装饰感，又不显得凌乱。如果照片的颜色反差较大，最好采用统一样式和颜色的画框来协调（图 8-28）。

图 8-28　水平线挂法（左图为下水平线，右图为上水平线）

（5）中线挂法　上下两排装饰画集中在一条水平线上，灵动感很强，选择尺寸时，要注意整体墙面的左右平衡。使用中线挂法要考虑被装饰物的形状。例如在 L 形贵妃椅上装饰，装饰画大小、走势要同贵妃椅外形一致。

（6）方框线挂法　混搭的手法不单单使用在纺织品上，在装饰画上同样适用。不同材质、不同样式的装饰品，构成一个方框，随意又不失整体感（图 8-29）。混搭的手法尤其适合于乡村风格的家。根据建筑装饰家具的材质和颜色选择画框，是最容易把握整体效果的好方法。

（7）建筑结构线挂法　沿着楼梯的走向布置装饰画，沿着屋顶、墙壁、柜子，在空白处布满装饰画。这种装饰手法在早期欧洲盛行一时，适合房高较高的房子。

（8）放射式挂法　选择一张您最喜欢的画为中心，再布置一些小画框围绕做发散状。

图 8-29　方框线挂法

如果照片的色调一致，可在画框颜色的选择上有所变化（图 8-30）。

图 8-30　放射式挂法

（9）对角线挂法　利用这种方法，所有装饰画组合起来像一片树叶，其结构就是树叶的主次脉络。在这片树叶里，混搭了各种材质和尺寸的装饰画。把握好颜色至关重要，所有颜色都来自于周围的环境，随着的装饰却很协调。

（10）隔板衬托法　不用再担心照片会挂得高高低低的，可用隔板来衬托照片，还可以常换常新。用在电视墙上的隔板颜色，可以参考家具的颜色。多层隔板摆放可以填补窗户间的空白墙面，不但可以放置装饰画，还可以放置轻巧的装饰品。9cm 深的隔板带有前挡，最适合放置照片，很安全，能防止照片滑落。

（11）自制挂画线　多余的窗帘挂绳，放上几个夹子，就可成为挂画线。适合有孩子的家庭，让孩子的作品有一个展示空间，方便常换常新。可用磁贴展示照片或是留言给家人，方便易更换。

8.2.2 植物

建筑装饰植物大致可以分为种植类植物、鲜插花和人造植物。

（1）种植类植物　建筑装饰种植类植物有滞留尘埃、吸收生活废气、释放和补充对人体有益的氧气、减轻噪声等作用。根据人们生活活动需要，运用成排的植物可将建筑装饰空间分为不同区域；攀缘上格架的藤本植物可以成为分隔空间的绿色屏风，同时又将不同的空间有机地联系起来。此外，建筑装饰房间如有难以利用的角隅（即"死角"），可以选择适宜的建筑装饰观叶植物来填充，以弥补房间的空虚感，还能起到装饰作用。运用植物本身的大小、高矮可以调整空间的比例感，充分提高建筑装饰有限空间的利用率（图8-31）。

图 8-31　植物与家具结合设计

（2）鲜插花　插花起源于佛教中的供花，将剪切下来的植物之枝、叶、花、果作为素材，经过一定的技术（修剪、整枝、弯曲等）和艺术（构思、造型、设色等）加工，重新配置成一件精致美丽、富有诗情画意、能再现大自然美和生活美的花卉艺术品。在插花作品中引起观赏者情感产生反应的要素有三点：一是创意（或称立意），指的是要表达什么主题，应选什么花材；二是构思（或称构图），指的是这些花材怎样巧妙配置造型，在作品中充分展现出各自的美；三是插器，指的是与创意相配合的插花器皿。三者有机配合，作品便会给人以美的享受（图8-32）。

（3）人造植物　人造植物也叫仿真花，通常是指用绉绢、皱纸、涤纶、塑料、水晶等制成的假花，以及用鲜花烘成的干花，业界泛称为人造花。人造花顾名思义，就是以鲜花作为蓝本，用布、纱、丝绸、塑料等原料加以模仿。今天，仿真产品越做越好，几乎可以乱真。除了表现各种鲜花的仿真花外，还有了仿真叶、仿真枝干、仿真野草、仿真树等。

由于鲜花的开放多则十天半月，少则两日三天，转眼芳容凋零，只能成为瞬间的回忆，且维护清洁麻烦。人造花的出现与应用，满足了人们对花卉观赏时间性的要求，使花卉作品的生命得以延长（图8-33）。

图 8-32　鲜插花

图 8-33　仿真花

本 章 小 结

　　本章主要从建筑装饰陈设的功能性和装饰性两大方面进行讲述。功能性陈设指具有一定实用价值并兼有观赏性的陈设，如家具、灯具、织物、器皿等；装饰性陈设指以装饰、观赏为主的陈设，如雕塑、字画、纪念品、工艺品、植物等。由于着重于应用频率高的陈设类型，本章并没有全面展开，只是让学习者对基本的陈设有所了解。

习　　题

1. 图 8-34 所示主卧室里有哪些陈设，具体分析种类和设计特色。

图 8-34 主卧室陈设（参见彩图）

2. 图 8-35 所示子女房里有哪些陈设，具体分析种类和设计特色。

图 8-35 子女房陈设（参见彩图）

3. 图 8-36 所示过厅空间里有哪些陈设，具体分析种类和设计特色。

图 8-36　过厅陈设（参见彩图）

图 8-37　餐厅陈设（参见彩图）

4. 图 8-37 所示餐厅里有哪些陈设，具体分析种类和设计特色。

5. 图 8-38 所示主卫生间里有哪些陈设，具体分析种类和设计特色。

图 8-38　主卫生间陈设（参见彩图）

6. 图 8-39 所示客房里有哪些陈设，具体分析种类和设计特色。

7. 客房和主卧室的陈设有什么异同，请具体分析。

图 8-39　客房陈设（参见彩图）

8. 图 8-40 所示客厅里有哪些陈设，具体分析种类和设计特色。

图 8-40　客厅陈设（参见彩图）

9. 图 8-41 所示公共卫生间里有哪些陈设，具体分析种类和设计特色。

10. 公共卫生间和主卫生间的陈设有什么异同，请具体分析。

图 8-41　公共卫生间陈设（参见彩图）

11. 图 8-42 所示衣帽间里有哪些陈设，具体分析种类和设计特色。

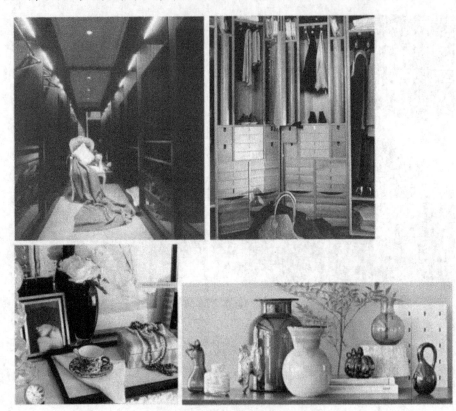

图 8-42　衣帽间陈设（参见彩图）

12. 图 8-43 所示露台空间里有哪些陈设，具体分析种类和设计特色。

图 8-43　露台陈设（参见彩图）

参 考 文 献

[1] 陈易主编. 室内设计原理. 北京：中国建筑工业出版社，2006.

[2] 李书青主编. 室内设计基础. 北京：北京大学出版社，2009.

[3] 张绮曼. 室内设计的风格样式与流派. 北京：中国建筑工业出版社，2000.

[4] 陈红，米琪. 环艺专业：设计色彩. 北京：中国水利水电出版社，2007.

[5] 潘谷西. 中国建筑史. 第6版. 北京：中国建筑工业出版社，2009.

[6] 张新荣. 建筑装饰简史. 北京：中国建筑工业出版社，2000.

[7] 田鲁主编. 光环境设计. 长沙：湖南大学出版社，2006.

[8] 法国PYR设计公司官网. http：//pyr-design.com.

[9] 梁志天设计官网. http：//www.steveleung.com.

[10] HBA官网. http：//www.hbadesign.com.

参 考 文 献

❏ 图 1-10 歌剧院室内对声音要求较高

❏ 图 1-14 宴会厅兼舞池

❑ 图 2-31　英国埃塞克斯郡海丁汉姆城堡

❑ 图 2-49　英国威尔特郡修道院（1795 年始建）

❑ 图 2-57　法国马松住宅的餐厅 ❑ 图 2-59　北卡罗来纳州阿什维尔·比尔特莫尔府邸（1890~1895 年）

❑ 图 2-63（c）　巴黎乔治五世四季酒店 [法国 PYR（Pierre-Yves Rochon）设计公司设计]

❏ 图 2-64　西班牙塞维利亚阿方索十三世酒店（HBA 室内设计事务所设计）

❏ 图 2-71　美式书房设计

❏ 图 3-10　蒲蒲兰绘本馆

❏ 图 3-18　墙面上由木
　　线和绘有梅花图案仿旧
　　镜子组成的装饰就像东
　　方园林中借景的花窗

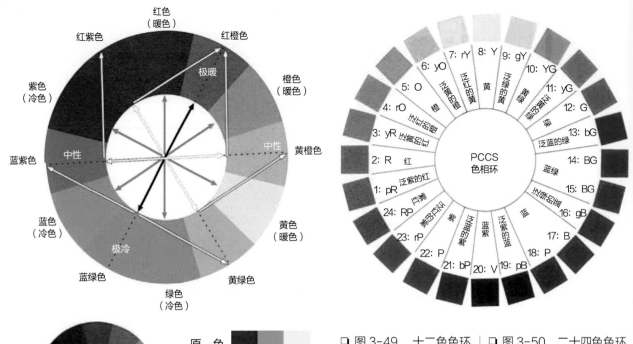

红色（暖色）
红紫色
红橙色
极暖
紫色（冷色）
橙色（暖色）
中性
中性
蓝紫色
黄橙色
蓝色（冷色）
黄色（暖色）
极冷
蓝绿色
黄绿色
绿色（冷色）
黄绿色

7: rY 8: Y 9: gY
6: yO 10: YG
5: O 11: yG
4: rO 12: G
3: yR 13: bG
2: R 红 14: BG
1: pR 15: BG
24: RP 16: gB
23: rP 17: B
22: P 18: P
21: bP 20: V 19: pB

PCCS 色相环

❏ 图 3-49　十二色色环　❏ 图 3-50　二十四色色环

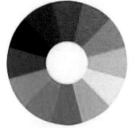

12 色相环

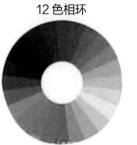

24 色相环

原　色
红　蓝　黄

二次色
橙　绿　紫

三次色
红橙 黄橙 黄绿 蓝绿 蓝紫 红紫

说明：
色相环是由原色、二次色和三次色组合而成。
色相环中的三原色是红、黄、蓝，在环中形成一个等边三角形。
二次色是橙、紫、绿，处在三原色之间，形成另一个等边三角形，
红橙、黄橙、黄绿、蓝绿、蓝紫和红紫六色为三次色。
三次色是由原色和二次色混合而成。

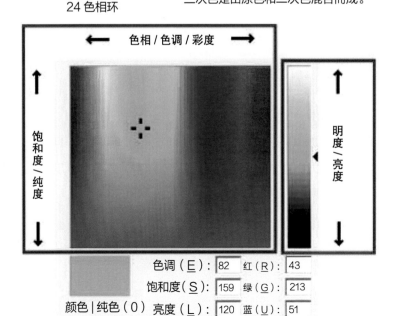

色相 / 色调 / 彩度

饱和度 / 纯度

明度 / 亮度

色调（E）：82　红（R）：43
饱和度（S）：159　绿（G）：213
颜色 | 纯色（0）　亮度（L）：120　蓝（U）：51

❏ 图 3-51　色相分类

❏ 图 3-55　色彩各种属性的调整

❑ 图 7-6　餐饮空间食品柜

❑ 图 7-24　配套家具

主卧
Master Room

❑ 图 8-10　卧室台灯主要以柔光为主，渲染气氛

❑ 图 8-34　主卧室陈设

子女房
Child room

过厅
buddhism

❏ 图 8-35　子女房陈设

❏ 图 8-36　过厅陈设

餐厅
Dining room

主卫生间
Bath room

❑ 图 8-37　餐厅陈设

❑ 图 8-38　主卫生间陈设

客房
Bedroom

客厅
Living room

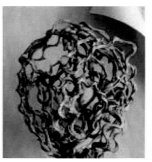

❏ 图 8-39　客房陈设

❏ 图 8-40　客厅陈设

公共卫生间
Bath room

衣帽间
Cloak room

❑ 图 8-41　公共卫生间陈设

❑ 图 8-42　衣帽间陈设

❑ 图 8-43　露台陈设

露台
Balcony